紅沙龍

Try not to become a man of success but rather to become a man of value.
～Albert Einstein (1879 - 1955)

毋須做成功之士，寧做有價值的人。 —— 科學家　亞伯・愛因斯坦

器識

THE WAY OF TSMC

The Philosophy and Strategy of Morris C.M. Chang
to Make TSMC Ahead of the Market

【增訂版】

張忠謀打造「護國神山」台積電的經營之道

商業周刊——著

目錄

第三篇【授業】張教授十二堂星期三的課

第四篇【傳承】四千天完全交棒學

【推薦】

睥睨群雄　台灣唯一

商周集團創辦人　**金惟純**

初見張忠謀先生，是一九八六年，在一場閉門的財經論壇中，與會者包括部長及知名企業家，但最睥睨群雄、被眾星拱月的，就是張忠謀。當時我剛從海外返台，對台灣比較生疏，就悄悄問旁邊：那位是何許人？得知他是工研院院長後，我又問：工研院院長比部長大嗎？得到的答案是：不是工研院大，是張忠謀大！

後來在某宴會中遇到張先生，他很親切的和我寒暄，然後突然冒出一句：「你在《商業周刊》的專欄我都有看，九九%同意你的觀點。」然後我們各自周旋賓客之間，過了約五分鐘，張先生特意走向我，說：「我想了一下，應該改為百分之百同意！」

這件事不久之後，我接到邀約，赴台積電董事會發表演講，親身感受他置身世界級重量人士之間的狀態，其中包括麻省理工商學院院長、好幾位世界五百強CEO，當然，睥睨群雄、眾星拱月的，仍是張忠謀！

這些近身接觸，讓我看到一位事業以台灣為基地的人物，竟然可以活出這樣的氣勢、高度和境界，令人嘆為觀止！舉目滔滔，唯張忠謀先生一人爾！

【前言】

以終為始三十年

張忠謀先生對台灣的重要性和影響力，是身為台灣最大雜誌媒體的《商業周刊》，最關注的人物之一。書名為《器識》，我們認為這是最足以代表張忠謀先生的人生格局。張忠謀在選擇接班人時曾多次表示，擔任世界級企業的領導人必須要有「器識」，這包括了格局、胸襟和見識，也包括企業家運籌帷幄的願景和策略能力。張忠謀心目中的領導人器識該當如此，而他，也做了最好的演繹。

本書從人物切入，以〈將台灣推向世界屋頂的人〉來形容這份成就。我們看到他所領導的台積電，一路打敗英特爾、三星，站上半導體製造的世界顛峰，也讓自己成為國際頂尖的領導人之一。〈你不知道的張忠謀〉一文中，整理多篇軼事和記者的觀察，不論於公於私，治學或治理，不難看出張忠謀先生嚴謹、深思、自律、究真的人格特質，表裡如一。

本書第一篇回顧張忠謀這三十年來的重要戰功，從魄力興建台灣第一座十二吋晶圓廠，帶動台灣晶圓製造產業大躍升；到高明協調飛利浦，讓這家當時的最大外資股東完美釋股，而不致衝擊台積電股價；再到二〇〇九年回任執行長，拍板三大改造策略。最後，他以一支研發精兵自三星手中狠狠搶下蘋果手機訂單，再度證明他的智慧與謀略。

第二篇集合了張忠謀先生接受《商業周刊》專訪或出席論壇的發言觀點。後者包括二〇〇七年與二〇一五年，分別與奇異（GE）集團前執行長傑克·威爾許（Jack Welch），以及美國聯準會前主席柏南奇（Ben Shalom Bernanke）的兩次對談。

第三篇也是獨家內容，從一九九八年九月起到九九年一月，張忠謀先生應邀在交通大學管理學院開設「經營管理專題」課程，課堂中「張教授」從台積電經營實戰、半導體產業發展，講到世界經濟局勢，中間穿插了個人對時事的點評，也透露許多個人心境的轉折。《商業周刊》全程跟進上課，以我們的理解和心得，整理出精髓。這十二篇「隨堂筆記」，描繪出張忠謀對企業領導和公司治理的理念，對照他領導台積電三十年的作為，會發現他「吾道一以貫之」的堅定信念。

最後一部分，我們回顧張忠謀最早從二〇〇二年起，第一次具體談到台積電未來的交棒計畫；二〇一二年起正式啟動完全交棒三部曲的過程。每一次接班的重大決策，他都接受了《商業周刊》的獨家專訪。他對接班問題的思慮和觀點，值得所有面臨接班挑戰的企業，深思參考。

本書於二〇二三年增補修訂，則為台積電近兩年備受全球矚目的「護國神山」角色，以及台積電前研發副總蔣尚義，在與張忠謀共事十八年期間的觀察與學習，留下記錄。

透過和台積電誕生於同一年的《商業周刊》，三十五年來的同步紀錄和報導，讀者將會發現，張忠謀先生非常早就以「讓台積電成為世界級企業」為目標，以終為始的不斷朝目標邁進，並且真的實現了。

藉此書，向張忠謀先生致敬。

將台灣推向世界屋頂的人

——領導台積電攀峰　再運籌下個十年

二〇一七年十月二日，台積電宣布董事長張忠謀將在二〇一八年六月正式退休。在張忠謀宣布退休前，他已將台積電下個十年的三根樑柱布局妥當，這是半導體教父策略性思考後的縝密安排，更是延續台灣半導體業在全球影響力的深謀遠慮。

本文深入分析，三十年來他如何帶領台積電，從一個在工研院中蝸居一角的小生產線，變成市值超過六兆元的世界級公司？

展望下個十年，沒有張忠謀的台積電，該如何面對三星與英特爾的纏鬥、虎視眈眈的中國，讓這艘大船持盈保泰？

這一天來得有些突然！

二〇一七年十月二日下午兩點，台積電發出新聞稿，董事長張忠謀將在二〇一八年六月正式退休。「過去三十幾年，創辦、奉獻台積電，是我個人非常愉快的時期。現在我要把餘年保留給自己和家庭。」兩個小時後，張忠謀攜手劉德音、魏哲家兩位接班人，現身新竹總部，輕鬆露面，暢談心境。從來不打沒有準備的仗，過去三十年如此，就連突如其來的解甲聲明，都是老帥縝密且細膩的安排。

回頭看張忠謀宣布退休前的一個月。

九月十二日，張忠謀親自出席南京廠設備進廠典禮，把台積電進度較慢的中國市場布局妥當；九月二十九日，親自拜訪國發會主委後，宣布全球第一個三奈米新廠，將落腳在台南科學園區，代表台積電技術領先全球及深耕台灣的決心。十月二日，宣布裸退，扶正一手培植的兩位接班人。

打下樑柱　為台灣建立矽屏障

三奈米、南京廠及「雙首長制」接班安排，是老帥離開前為台積電打下的三個未來樑柱。張忠謀，是把台灣推上世界屋頂的那個人，是第一，也是唯一。

哪一個台灣企業的消失，會讓世界找不到第二替代方案？台塑或中鋼若不見，韓國及大陸的塑化及鋼鐵產能，短時間就能補上，即便是鴻海出狀況，和碩、緯創、廣達、仁寶都能填補全球資訊供應鏈，但如果台積電出事呢？

「沒有 Plan B，全部壓在台積電上。」全球 AI 及繪圖晶片龍頭廠商輝達（Nvidia）執行長黃仁勳，曾被問到「你把大部分的晶片製造責任都壓在台積電，萬一台海發生軍事衝突，你的替代方案是什麼？」這是他的回答，也說明了台積電的世界影響力。

台積電拿下了全球晶圓代工近六成市占率，老二的格芯（Global Foundry）加上老三的聯電（UMC）也不到兩成。無可取代，是台積電的世界地位。因此歷次台灣地震或斷電，國際通訊社第一通電話，不是打給總統府，而是台積電。

台積電也為台灣築了一座「矽屏障」，澳洲戰略專家艾迪生（Craig Addison）就說，以矽為主的半導體產品，其戰略地位與原油一樣重要，一旦中國武力犯台，勢將切斷全球資訊工業的供應鏈。這道矽屏障正是讓台海得以和平發展的最重要後盾。

攤開台積電的客戶地圖，大客戶包括：蘋果、高通、聯發科、輝達、博通（Broadcom）、賽靈思（Xilinx）、德州儀器。台積電是全球龍頭晶片廠的最大軍火商，只要台積電稍有差池，小至我們身旁的 iPhone、Wi-Fi，大到醫療體系、行車安全、手機

教父語錄

假如沒有台積電，smartphone（智慧型手機）不會那麼早出現，（我們）改變世上幾十億人的生活方式。——2017.10 張忠謀宣布退休記者會

遊戲，甚至國防機密，都暴露在風險中。

難怪一向謙遜的張忠謀在退休記者會上說：「假如沒有台積電，smartphone（智慧型手機）不會那麼早出現，（我們）改變世上幾十億人的生活方式。」

為了這句話、為了這份三百三十二字的退休聲明，張忠謀整整準備了三十年。

五十四歲創業　開創專業晶圓代工模式

一九八五年，五十四歲的張忠謀，在台灣政府的召喚下，頂著德州儀器公司半導體前最高領導人的光環，來到了台灣。為了創辦台積電，他必須從董事長、外商高管的身分，變成一個伸手要錢、處處碰壁、滿頭灰髮的「資深」創業者。

他，必須打敗自己的驕傲。

「過去三十年，沒有一個時刻是『萬里無雲』！」張忠謀回覆《商業周刊》的提問時說。當初，他寫了十幾封信給美日大廠，英特爾、三菱、東芝，都說沒興趣投資晶圓代工，認為台灣一點機會也沒有，最後只有飛利浦點頭出資。

三十年前，全球半導體業都是美日晶圓整合大廠的天下，晶片從設計、製造、封裝測試，都在同一家公司完成，台積電的代工模式能否倖存，無人看好，當時台積電只能吃到

大廠不要的訂單。

不過，就在台積電成立的兩年後，冷戰結束。大量資通訊技術開始釋放到民間，美國矽谷出現了一群有晶片設計能力，但沒有錢蓋晶圓廠的創業家：輝達、高通、博通、賽靈思。這些現在的一線晶片設計大廠，都幾乎與台積電在同時崛起，他們年輕、聰明、大膽，沒包袱，願意跟太平洋彼岸的台灣公司，一起嘗試晶圓代工的新模式。

雖然這些年輕創業家，與當時年近六旬的張忠謀，在年齡上有一段差距，但彼此卻培養了亦師亦友的忘年之交，高通執行長莫倫科夫（Steve Mollenkopf）曾說，沒有台積電，我們的高端產品，絕對沒有辦法成功。黃仁勳也曾對張忠謀說：「如果沒有遇到你，我可能還是一個悠哉的小公司老闆！」

半導體本來在技術及資金的門檻上就極高，但晶圓代工更難，因為這行必須突破最難的一關——人性！如何讓近千家互為競爭對手的晶片設計公司，把最高機密的設計圖，送到同一家晶圓廠生產而不洩密？A公司的產品機密，如何不讓競爭對手B知道？誰能保證代工廠不會偷學了設計，與自己競爭？

在張忠謀之前，晶圓代工被認為是不可能的任務，因為沒人能過得了「誠信」這關。但台積電用幾近無理、挑剔，甚至絕對潔癖的誠信管理，說服了客戶，把一個在工研院中蝸居一角的小生產線，變成了市值六・七二兆元[1]的世界級公司。

《台積DNA》這本書中曾指出：「把台積電產出的晶圓切開來看，每一吋都刻著integrity（誠信）。」台積人上班不准攜帶照相手機及隨身碟，不准將公司文件email到私人信箱，一位經理甚至說：「如果我偷渡照相手機上班，只要被抓到四次，報告就會到Morris（張忠謀英文名）桌上了！」台積電企業保全處處長郭子文更曾分享，為了保障絕對的資訊安全，台積人連進廁所，也要刷卡。

於是，全球繪圖晶片的世仇Nvidia及ATT、手機晶片的一哥高通及二哥聯發科、無線網路晶片的老大博通與老二瑞昱等這些在商場上殺紅眼的對手，都敢把自己最先進的產品，下單在台積電。

越競爭越壯大　半導體產業重洗牌

在這股晶圓代工風潮下，受傷最重的就是日本半導體產業。

張忠謀曾說，「日本好像認為晶圓代工，不是一個正當行業一樣，這就是日本半導體

[1] 為2018.1.22收盤市值。

產業落後美國的原因。」九〇年代不可一世的日本半導體產業，在台積電成立十年左右，開始崩落。一九九五年，全球十大半導體廠，日本廠商包辦了一半；二〇一五年，日本只剩東芝半導體勉強擠進第十位，如今也難逃出售的命運。當初不可一世的NEC、日立及富士通，更早就退出了江湖。

晶圓代工聲勢漸旺，當然也吸引不少競爭者加入。九〇年代中期，由德州儀器老將張汝京領軍的世大積體電路，在新竹成立；新加坡政府支持的特許半導體（Charter Semiconductor），也加入晶圓代工陣營。一九九五年，聯電開始放棄經營自有品牌，轉型為純專業晶圓代工廠，開啟了張忠謀、曹興誠雙強對抗的「晶圓雙雄」年代。

二〇〇〇年，聯電曾經一度在營收上與台積電拉近，但銅製程的誤判加上先進製程延宕，兩者差距逐漸拉大，為挽頹勢，聯電搶先一步，到晶圓代工的荒地中國布局，協助建立和艦科技；張汝京也在世大遭收購之後，在上海市政府的協助下，成立中芯半導體。就連當時台灣首富之子王文洋，也攜手江澤民兒子江綿恆，在二〇〇〇年，創立了宏力半導體，搶食晶圓代工大餅。

對於對手，張忠謀一向視為養分，二〇一二年他接受《商業周刊》獨家專訪說：「一個人表現的水準，通常是競爭者訂的！」

一個人表現的水準，通常是競爭者訂的！——2012.3《商業周刊》專訪

二〇〇三年，台積電〇．一三微米製程技術大受歡迎，反觀聯電此製程營收不到其四分之一，兩者差距越拉越大，中芯、宏力、特許聲勢雖不小，但最後也撐不起一片天，台積電自此躍升為晶圓代工的霸主，一路獨走。

戰國時代雖暫告一段落，但真正大聯盟比賽才開始，半導體業的大猩猩：IBM、英特爾及三星，都摩拳擦掌，搶入代工領域。就在戰鼓喧天時，二〇〇五年，張忠謀突然宣布將台積電執行長的棒子，交給蔡力行，自己退居第二線，僅擔任董事長。四年之後，又在完全沒有警訊的狀況下，撤換蔡力行，重新擔任執行長。

二〇一二年三月，他再度創市場之先，將三位準接班人：魏哲家、劉德音及蔣尚義，任命為共同營運長，一年之後，又將魏、劉兩人，拔擢為共同執行長。

事後，張忠謀一直避談回任執行長的這段往事，面對市場上的雜音，他用成績證明一切。二〇〇九年張忠謀回鍋執掌第一線兵符以來，台積電的營收，從當年的三千億元不到，一路飆升至二〇一七年的九千七百七十四億元；台積電股價，也從二〇〇九年六月的六十元附近，一舉上衝至二〇一八年一月超過二百六十元大關，市值更已在二〇一七年三月首次超越全球半導體巨人英特爾，一直領先到現在。

拔劍四顧，其實敵人的蹤影已經不明顯，但八旬老帥在最後一次執行長任內，仍不放

棄，因為他還有一個「聖盃」沒拿到：蘋果手機晶片的訂單。

蘋果 **iPhone** 手機自爆紅之後，其最重要的零組件處理器晶片，一直由三星負責製造，但隨著三星手機的全球市占率越來越高，蘋果及三星之間的利益衝突越來越明顯，張忠謀知道，以當時蘋果手機需要的晶片數量、技術及量產能力，除了三星之外，大概只有台積電辦得到；蘋果與三星的矛盾越深，台積電機會越大。

布局雲端、AI 讓台積電再穩賺十年

他重掌兵符之後，當全球所有半導體廠都因金融海嘯縮減資本支出時，只有台積電反向大量增加設備投資，二〇一〇年，砸下史無前例的新台幣三千億元，興建第四座超大晶圓廠。二〇一三年四月，第一株美麗的花朵開出，英文《韓國時報》（*Korea Times*）引述三星高層談話，首次證實：「蘋果正與台積電分享 A7 系統晶片（SoC）的機密數據，台積電生產線，已經準備就緒了！」

A7 晶片之後，A8、A9、A10，到 **iPhone 8** 及 **iPhone X** 的 A11 Bionic 晶片，台積電把三星越拋越後，張忠謀真正的敵人，只剩鏡子中的自己。

為了打敗以前的自己，二〇一七年九月，張忠謀現身南京廠、啟動南科新廠、布局三

奈米以下的製程技術，除了為蘋果下一代晶片做準備外，更瞄準雲端、AI所帶來的高效能運算商機，若一切如計畫，高效能運算每年至少一百六十億美元的生意，就能再保台積電十年好光景。

「只有準備充分的人能夠即席表演（**Only someone who is well-prepared has the opportunity to improvise**）！」瑞典傳奇導演柏格曼（Ingmar Bergman）說。過去，台積電一幕幕看似即席的精彩演出，來自於那個拿著菸斗、吐著輕煙、聽著巴哈、讀著莎士比亞，遠目沉思的一代半導體巨人——張忠謀。

三十年底氣深厚的準備，不只富裕了五萬個幸福家庭、成就了一個世界級公司、創造了產值兩兆的晶圓代工業，更讓台灣真正站上世界的屋頂。

（摘錄自《商業周刊》一五六〇期・20171005）

台積電成長大事紀

■草創期－全球首創晶圓代工模式

1987 年：台積電成立，實收資本額 13.8 億元

1993 年：興建台灣首座 8 吋晶圓廠

1999 年：市值破 1 兆元

■爭霸期－推 0.13 微米製程

2000 年：合併德碁半導體及世大積體電路

2003 年：推出 0.13 微米製程，拉開與聯電技術差距

2007 年：成為全球營收前 5 大半導體公司

2010 年：超越東芝，成為全球第 3 大半導體公司

2014 年：通吃 iPhone7、iPhone plus 訂單，獨家供應 A10、A11 晶片

■奪冠期－超越 IBM、英特爾，成為世界第一

2016 年：打敗 IBM

2017 年：領先全球宣布 3 奈米建廠計畫

2017 年 3 月：擊敗英特爾躍半導體龍頭

2017 年 12 月：全年營收逼近 1 兆元（9,774 億元），稅後純益近 993 億元

2017 年 10 月：市值衝破 6 兆元，列亞洲第 9 大企業

■護國神山－地緣政治下，全球地位舉足輕重

2020 年 5 月：宣布斥資 120 億美元在鳳凰城設廠，2024 年量產

2021 年 5 月：在日本筑波市建 3D IC 研發中心，2022 年投入研發

2021 年 1 月：市值衝破 15 兆元

2023 年 1 月：**全球市值登世界第 8**

資料來源：《商業周刊》1560 期、編輯增補

台積電30年攀上世界第一——張忠謀及台積電大事紀

張忠謀生平大事紀

- 1931 年生於浙江鄞縣
- 1950 進入美國麻省理工學院，取得機械工程學士、碩士
- 1958 年 27 歲起至美國德州儀器公司任職達 25 年，歷任 IC 部門總經理、全球半導體集團總經理、總公司資深副總裁
- 1964 年取得史丹福大學電機工程博士學位
- 1984 年任美國通用器材公司總裁
- 1985 年從美國回台擔任工研院長
- 1986 年籌辦台積電，1987 年正式成立
- 1988 年受聘為工業技術研究院董事長
- 1994 年創立世界先進積體電路公司
- 1999年：美國《商業週刊》遴選為年度全球最佳經理人與亞洲之星；獲頒無晶圓半導體協會（FSA）模範領導獎；獲得國際電機電子工程師學會授獎
- 2001 年與現任妻子張淑芬結婚
  - 個人成就：美國《時代》（*Time*）雜誌評為世界最有影響力的 26 位總經理之一
- 2003年：台積電自主開發出 0.13 微米技術，確立後來與英特爾、三星並列全球三大半導體廠的國際地位
- 2005 年卸任台積電執行長
  - 個人成就：入選《電子商業》雜誌（*Electronic Business*）全球十位最具影響力領袖
- 2006年：代表台灣赴越南出席亞太經濟合作會議（APEC）非正式領袖會議
- 2009 年回任台積電執行長
  - 個人成就：獲頒 EE Times 終身成就獎，表彰其對半導體的貢獻
- 2011年：獲國際電機電子工程師學會（IEEE）榮譽獎章
- 2012年：獲選《富比世》（*Forbes Asia*）雜誌亞洲最佳企業家
- 2013 年辭去執行長一職，僅擔任董事長
- 2016年：獲選《日本經濟新聞》亞洲企業前 20 大 MVP
- 2017 年 10 月 2 日宣布退休計畫
- 2018 年 6 月 5 日股東常會後，卸下台積電所有職務
- 2018 年 7 月 10 日，台積電將企業總部命名為「張忠謀大樓」，做為張忠謀 87 歲生日獻禮

理性與感性

——你不知道的張忠謀

本章整理三十年來《商業周刊》對於張忠謀其人其事的軟性報導，其中包括父親送給他的IBM股票，開啟他關心產業與經營的興趣；前德儀董事長海格底對張忠謀的啟發與典範；張忠謀受命代表台灣出席APEC年會的準備內幕；台聚前董事長張植鑑，因橋牌與張忠謀結下金石般的友誼。以及張忠謀與妻子張淑芬，在柯錫杰鏡頭下展現的真性情。這些罕為人知的小故事，呈現了張忠謀經營企業以外的生活面貌、人格特質和價值觀。

商業啟蒙〉父親送的IBM股票　開啟對產業興趣

二〇〇一年十一月，張忠謀應邀擔任台大管理學院EMBA的「管理高峰講座」主講人，講題是〈危機管理〉。演講一開始，張忠謀用鐵達尼號沉船事件、美國小羅斯福總統力抗經濟大蕭條、九一一反恐事件等個案，詮釋他心目中理想的危機領導模式以外，在談到如何培養自我領導能力時，他強調終身學習的重要性，不過，他也提到以前的一個小插曲。

原來，張忠謀在美國念大學時，他的父親送了他幾張IBM股票，從此開啟了他對美國企業的注意。他說，只要有股票的人，多少總會注意一下股票行情。那時候，雖然張忠謀只有幾張IBM股票，但從此以後，他沒有一天不看IBM股價。所以，張忠謀開玩笑的說，「以前有一位部長曾說，『手上有股票，心中無股價』，我相信他一定從來沒有買股票！」天天看股價，產生好奇心，張忠謀開始關心財經新聞。在美國，只要是上市公司股東，一定會收到公司自動寄來的年報，年報雖然是很官樣的文章，可是至少會從中知道公司到底是怎樣經營。張忠謀對產業的興趣，就從這時候開始。

對於父親當年會想要送他股票這件事，張忠謀說：「他的用意，我一生都很感激！」

（摘錄自《商業周刊》七三〇期‧20011115）

半生典範〉最感念的人生良師：前德儀董事長海格底

人的一生能遇見一位良師，是一件幸運的事。

這一輩子影響台積電董事長張忠謀最深刻的人是誰？他不止一次提過：「德州儀器董事長海格底（Patrick Eugene Haggerty）。」

四十餘年前，海格底在德儀塑造「創新」、「誠信」與「客戶至上」的企業文化，直至今天，「創新」、「誠信」仍是張忠謀看為寶貝的台積電經營精髓。對於維護客戶關係，張忠謀甚至說：「台積電可以為客戶赴湯蹈火。」

張忠謀對海格底是懷著什麼樣的心情？其中，有知遇之恩，也有崇敬。張忠謀形容海格底是「典範」、「導師」。

張忠謀在他的自傳上冊內詳述自己兩次博士考試落第後所受的挫折。他以「有生以來最大的打擊」形容當時的心情，但在德儀工作期間，卻讓他一圓博士夢。因為張忠謀的表現引起海格底注意，一九六一年時，海格底讓公司出資培植張忠謀取得史丹佛大學博士學位。之後張忠謀在德儀一路攀升，還坐上資深副總裁的高位。

任職德儀時代的張忠謀，可以感受海格底對他特別關切。張忠謀回憶：

在德儀初期，我並不是直接向海格底報告。他是董事長，對我們而言，是高高在上。但海格底對公司內部幾個人特別關切，大約有六到十位吧，我也是其中之一。一有機會，他就會直接找我談話。海格底非常願意花時間「聆聽」。

當時，我每個星期都會和海格底接觸，或通電話，或到他辦公室裡。不過，他並不會直接命令我，總是說：「也許可以如何做……但先和總經理商量。」海格底不希望因為他的命令造成部屬不理會總經理。

每一次升遷，我的直接老闆就會說：「董事長對你很好！」

張忠謀就是由這一份「關切」領會海格底對他的高度期待。

張忠謀在德儀極努力，一路由積體電路部門總經理升到副總裁。四十一歲時，張忠謀已是德儀內部第三號人物（資深副總裁），也是華人在美國職位最高的專業經理人。「從海格底身上，我也學到如何提攜人、如何做導師。」張忠謀說。

海格底很重視客戶的意見，內部升遷會聽大客戶的聲音。張忠謀說：「這一部分我也學來了，有關的台積電人事異動，也會多聽聽客戶的想法。」

從張忠謀打造台積電的第一天開始，海格底的典範就隨著一磚一瓦根植在台積電內部。預料，張忠謀退休後計畫提筆的《張忠謀自傳》（下冊），將是記載他在德儀最輝煌的時期。可以想見，海格底將會是他筆下最重要的人物。

（摘錄自《商業周刊》六四三期．20000316）

橋牌情誼〉台聚前董事長張植鑑　創業路上雪中送炭

外界儘管耳聞張忠謀雅好打橋牌，不為人知的是，橋牌之於他，還有一段意義重大的往事。經營企業一絲不苟的張忠謀，投入時間最多、最長的休閒活動就是橋牌。從在四川重慶就讀南開中學時接觸橋牌開始，他在國際橋牌界的閱歷，與他在半導體產業上的大老地位其實相去不遠。

張忠謀的「牌齡」已逾六十年，出賽高峰期大致在一九七〇年至一九八〇年代中期，在美國橋牌聯盟ACBL的計點排行中，到二〇〇一年已經贏得超過七千個正點（master points）。一位日理萬機的國際級企業最高經理人，張忠謀這項正點紀錄即使在美國業餘橋士中，也足夠睥睨群雄。

張忠謀與台灣橋壇結緣，始於一九八一年，這比他來台長期定居還要早了四年。他回憶，當時的工研院院長方賢齊也熱愛橋牌，仍任職於德州儀器的張忠謀，來台視察業務時，就在方賢齊安排下，與亞洲橋王黃光輝等人有數場橋局。

一九八五年，張忠謀來台擔任工研院院長，開始與台灣橋壇展開進一步接觸。在黃光輝的介紹下，他認識當時的台聚董事長張植鑑。兩人的友誼始於橋藝，卻在張忠謀創業過程中更見得出真情。在台積電創立之前的募資階段，雖然有行政院開發基金力挺，但是張忠謀依然得走訪大企業募集資金，吃了不少閉門羹。

張植鑑衝著與牌友的交情，二話不說就掏錢投資，雪中送炭的盛情不在金額數字，張忠謀自是點滴在心頭。除台積電以外，一九九〇年的慧智電腦、一九九四年的世界先進、一九九六年的美國WaferTech，台聚都是創始股東。

一九九八年，張植鑑因病去世，張忠謀親至葬禮致哀，對台聚後人的照拂，仍持續不斷。許多與張忠謀經常往來的業界人士，總認為這位半導體教父是個標準的美國人，在經營企業上常冷酷至不近人情，對部屬的嚴厲指責更是叫人難以承受。但他與張植鑑因橋牌結下的十二年友誼，又展現出中國傳統價值觀的感恩圖報特質，也為張忠謀長久以來的成功企業家形象，另添一番軟性面貌。

（摘錄自《商業周刊》七二六期・20011018）

一絲不苟〉代表台灣出席 APEC　事前做足功課

二〇〇六年，張忠謀與夫人張淑芬代表台灣參加越南亞太經濟合作會議（APEC）非正式領袖會議，他們的表現備受國內關注，短短兩天的行程，準備工作卻是毫不馬虎。

張忠謀習慣在西裝外套裡，放著一本約支票簿大小的記事本，當他與人交談須記錄重點時，就會拿出記事本，很慎重的將事項記載下來。他曾說，這記事本是太太張淑芬買了許多不同記事本讓他試用後，找到最合手的版本。

十一月十九日，張忠謀在越南 APEC 非正式領袖會議結束後的記者會上，媒體問他是否完成陳水扁總統交辦的任務，只見他從西裝內裡口袋中，掏出五、六張白色紙卡，「我把它 review（回顧）一遍，都完成了。」

捨去小記事本，改以白色紙卡記載總統交辦的事項。從小節處，看得出張忠謀對這次代表台灣出席 APEC 會議的慎重其事，這些紙卡將來都會轉交給陳總統。他對參加 APEC 的會前準備，可謂鉅細靡遺。

當十月三十日總統府正式公布，將派張忠謀擔任 APEC 非正式領袖會議代表，距會期十八日尚有兩週餘。張忠謀就囑咐幕僚，盡可能排開這兩週的活動行程，挪出時間準備APEC細節議題，並聆聽政府各相關部門官員對他進行的簡報介紹。

在這期間，最密切與張忠謀討論互動的政府官員，是時任國安會副祕書長裘兆琳，以及外交部國際組織司的主管，共有十多名部會官員前往簡報。裘兆琳代表總統府方面與張忠謀溝通的窗口，彙整張忠謀的意見再回報給時任國安會祕書長邱義仁及陳水扁總統。

不只如此，張忠謀還指示三名台積電幕僚陪同前往越南，包括曾在美國德州擔任律師多年的法務長杜東佑（Richard Thurston）、公關部經理曾晉晧，以及張忠謀多年的祕書經理魏錫燕，一起搭乘「空軍行政專機」參加APEC。

以往張忠謀商務旅行的習慣，甚少帶部屬同行，多半是一人或與張淑芬飛往目的地。這次為參加APEC，徵召三名公司相關主管隨行，對比出他對此行至為重視的態度。

（摘錄自《商業周刊》九九二期．20061123）

真情至性〉在柯錫杰鏡頭下　卸下嚴肅的面具

張忠謀與張淑芬二〇〇一年一月的婚禮非常低調，低調到沒有拍結婚照，當時只有張淑芬自己到照相館拍了照片，「我們從沒有在一起正式拍照，我也很低調，沒有什麼照片，今年（二〇〇二年）我要發表新書時甚至都沒有照片可用。」她有點埋怨的說。

二〇〇二年十月，張淑芬說服張忠謀，兩人要在柯大師的鏡頭前留下最美好的照片。為了營造氣氛，柯錫杰特別播放張淑芬最喜歡的印度音樂，燈光漸暗，只有聚光燈下的人影浮現。台灣半導體教父張忠謀在這個情境中，仍然維持一貫的酷模樣，坐著像一尊雕像，還好張淑芬很活潑、逗趣，柯錫杰一直鼓勵她帶動氣氛。

為了拍出不一樣的張忠謀，柯錫杰決定請張忠謀拿出菸斗，不只拿著菸斗，還要他真的點上菸，吞雲吐霧一番。拿出口袋的菸草填上，張忠謀漸漸放鬆，點上火，第一口煙噴出。張忠謀的話匣子打開了：「最近我們到美國的現代美術館，剛好展出 Richard Avedon（知名攝影大師，以人物照最為經典，二〇〇一年獲選為美國藝術與科學院院士）的個展，他拍的人物肖像，有幾張老人的特寫照片，連皺紋都拍出來，讓我很 striking（受衝擊）。」

柯錫杰一聽張忠謀談到自己的偶像，馬上像小孩子一樣的手舞足蹈，訴說他對 Avedon 的崇拜，甚至馬上把 Avedon 的攝影集翻出來，柯、張兩人忘我的研究著，「我還對一幅溫莎公爵的照片印象很深，溫莎公爵放棄了一切追求愛情，他雖然富有，但沒有事情可做，那張照片把他落寞的心境都表現出來……」張忠謀吐著煙緩緩的說。

話還沒說完，現場燈光全滅，只有一盞小燈打在張忠謀的側面，沉思的張忠謀陷入一陣煙霧中，思緒隨著煙霧冉冉上升，他又猛吸一口菸，濃濃的煙徐徐的從鼻中噴出，現場一片迷濛，「這個畫面把他刻劃得真深刻！」張淑芬在一旁忍不住讚嘆起來。

折騰了兩個小時，張忠謀還要去趕一場演講，「以前國內、外媒體拍照，我頂多只給他們十幾分鐘時間，他們拍得都千篇一律，我不太喜歡，這是我第一次花那麼多時間拍照。」張忠謀微笑著說。脫去嚴肅的面具，在柯錫杰的鏡頭下，張忠謀夫婦以最真實的面貌，留下永恆的一刻。

（摘錄自《商業周刊》七八〇期．20021031）

窮理究真〉張忠謀隨堂考英文　記者們隨身帶辭典

「我最近對翻譯很有興趣，常常研究中英文之間的語意差別！」台積電董事長張忠謀此言一出，讓長年圍繞在他身旁的記者們以後採訪，除了要了解產業、了解管理，還要多準備一本英漢辭典，以免跟不上張忠謀「英文課」的「進度」。

一開始，是「eventually」這個字，引起了張忠謀對「翻譯」的興趣。張忠謀那時被媒體問及台積電會不會往大陸發展，張忠謀只瀟灑的回答一個字：「Eventually」。隔天報紙都翻成台積電「終將」進軍大陸，讓張忠謀嚇了一跳，事後他解釋，這個字是從

「event」而來，也就是應該是視不同事件（event）而定，一個英文字讓台積電的「大陸政策」定義不同，也讓記者們對張忠謀的「英文抽考」戰戰兢兢。

第二課和管理有關，張忠謀參加三三會時向時任行政院院長唐飛提到，推動知識經濟最重要的三點是：技術、創新和「entrepreneurship」，許多人把這個字翻成冒險創業精神，但張忠謀說，這是在企業內部的「進取精神」，而非每個人都要去創業，否則，對新經濟反而是一種傷害，張忠謀要大家小心用這個字。

張忠謀的第三課，是在全國高科技法務聯盟雙週年上，表示把大企業中的「General Consultant」翻譯成「法務長」，好像不太恰當，因為這個英文片語裡並沒有出現法的字源如 law 或 legit 等，而且也把這個角色侷限在法律範圍裡，但是翻成「總顧問師」，又不能表達出法律的素養，所以，他也要大家回去翻翻字典研究一下。這雖然不是正式的「家庭作業」，但對許多記者來說，卻成為本週「必查單字」，萬一張忠謀心血來潮抽問，或是用了這個字表達意見，就可以讓張忠謀留下「用功學生」的印象，多挖一些新聞。

（摘錄自《商業周刊》六六六期．20000824）

表裡如一〉要求妻子張淑芬　拿公司贈品也得付錢

「他是一個很講究誠信、不太會為自己著想的一個人。」

張淑芬，台積電董事長張忠謀摯愛的妻子，兩人從一九八五年張忠謀來台接掌工研院院長相識至今，並已結褵十六年，在國內外大小場合，總能看見兩人彼此牽著手，相偕的身影。

「很開心啊，他是該休息了，」張忠謀宣布退休的這一天晚上，張淑芬接受《商業周刊》訪問時表示，張忠謀近年其實一直有退休念頭，兩人偶爾談及此話題，但她多半只是聽，支持他的想法。她強調，張忠謀今年確立交棒，跟年初在美國跌倒事件無關，「沒有，完全沒關係……那次跌倒，我們連公司也沒通知，沒想到這是個大事情，我們把自己看得很平凡。」

談這位相知相伴三十二年的半導體教父，她說，張忠謀是個表裡如一、始終誠信、正直的人。十多年前曾有一次，張淑芬將幾本台積電的記事本放在家中，準備送人，「他看到了就問我有沒有付錢（給台積電）？」提醒她劃清公私界線，「他說要是每個眷屬都像你這樣，公司怎麼辦？……他跟我講過一件事，做人啊，要三更半夜有人來敲門你都不害怕，不要做任何虧心事。」

秉持公事公辦原則，張忠謀連兩位接班人劉德音與魏哲家也不曾邀回家中設宴款待，「他們沒請過我們，我們也沒請過他們。」張淑芬開玩笑的說。

掌管兆元營收帝國的張忠謀，長年維持高度紀律，且替他人著想。

張淑芬透露，二〇一七年九月下旬，兩人到紐約領取《富比世》（*Forbes*）雜誌頒發的「全球百大商業思想家」獎項，張忠謀早上九點出門開會、領獎到晚上十點才結束行程，仍堅持搭凌晨一點的飛機回台，且隔天早上十一點就出現在新竹，參與公司內部會議，「我問他，你要不要改（會議）時間？不要一下飛機就開會，他說：『不要因為我一個人，改變一百個人的行程』。」

雖然二〇一三年已將執行長的棒子交給劉德音與魏哲家，張忠謀每週一到週五仍固定在新竹上班，即使偶爾週間上台北開會，晚上仍回新竹，準備隔天工作，「他很認真面對自己的工作。」張淑芬表示。

談到退休後的規畫，張忠謀表示自己將多花時間打橋牌、陪伴家人旅遊以及寫自傳，「頭一件事我要把自傳下冊寫完，那個也許會是 top priority（第一順位）。」那會不會跟著太太一起做公益？

「我不會帶著他（做公益），因為帶他去做，意見不一樣的時候，要聽誰的？」張淑芬笑著說，張忠謀退休後，她自己還是會持續以台積電慈善基金會董事長的身分，推動關懷獨居老人、搭建醫療資源平台，以及推廣孝道等工作，但不會要求張忠謀加入。

掩不住笑意的她，還聊起張忠謀的嗜吃甜食，「以前會跟我要甜點吃啦，現在我不管他了，他反而自己當心，反而會自己管自己。」

一手創立晶圓代工模式，帶動ＩＣ設計與其他上下游產業的半導體教父，超過六十年的職業生涯，終將歸於平淡。未來的某一天，大家可能不會記得張忠謀為台積電帶來的營收、股價數字，但會記得他所樹立的誠信與正直威望。

（摘錄自《商業周刊》一五六〇期・20171005）

第一篇

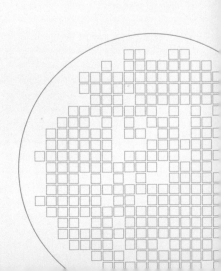

戰功

三十年長征里程碑

隨著台積電年營收近兆元、市值超越半導體巨頭英特爾，稱霸全球半導體產業，要駕馭這艘大船的難度將越來越高，對張忠謀與兩位接班人而言，都是考驗。後張忠謀時代的台積電，其競爭力的挑戰和未來會是如何？

二〇一七年九月底，《商業周刊》採訪團隊走訪南京、台南兩大現場，找出台積電未來十年的關鍵挑戰。同時，我們也回顧台積電三十年發展的重要里程碑，包括從二〇一二到一四年，台積電如何逆襲成功，搶下蘋果訂單，拉開與三星之間的距離。

再把時間往前推，這股動能來自於張忠謀在二〇〇九年重掌軍旗之後，以三大策略在六百天裡大幅改造台積電，讓大象會跳舞。在公司治理上，二〇〇七年三月，台積電最大股東荷蘭飛利浦將手中股權完全釋出，自此張忠謀可以完全實現對於公司治理的理想。我們也帶著讀者回到二〇〇〇年時剛落成的南科台積六廠，重現台積電把四周的甘蔗田變成矽田的過程。

「以終為始」，觀察張忠謀其人、台積電其事三十年，我們發現張忠謀先生對於公司治理理念的堅持，對於台積電的發展策略與戰術，一路走來基調從未改變，始終植基於經營世界級企業的使命感和雄心。這是許多企業，包括同樣三十歲的《商業周刊》自己，都在時刻檢視、成就典範的精神，也是製作本書時最想跟讀者分享的核心價值。

大口咬下蘋果
——One Team 軍團逆襲三星

二〇一四年，因應 iPhone 6 九月上市，第二季，台灣供應鏈開始總動員。其中由台積電負責的 A8 處理器，讓 iPhone 心臟第一次 MIT（台灣製造）。

背後的故事是，有一支近百人的台積工程師所組成的研發團隊，打從二〇一一年底，就悄悄駐紮在美國蘋果總部，跨部門組成「One Team」，只為了領先全球，量產蘋果所需的最先進二十奈米製程。

這關鍵的一役，成功把三星甩到身後！對台灣民眾而言，這不只是兩家國際大公司間的角力，更是一場半導體技術的國力之爭。

台積電晶圓十四廠，是全球第一座量產最先進二十奈米製程的廠房，更是全球最大的半導體製造中心，牽動台積電高達三七%的營收比重。南科，二〇一四年時已是台積電二十奈米製程和十六奈米製程的生產重鎮，未來也會加入五奈米與三奈米先進製程，成為全球最大的半導體製造中心。

然而，在這偌大的廠房裡最關鍵的一張訂單，正是蘋果 iPhone 6 的心臟——A8 處理器。打從二〇一一年底，台積電就派出規模近百人的研發團隊駐紮美國蘋果總部，積極爭取 A8 處理器訂單，並跨部門組成「One Team」，只為了領先全球，量產蘋果所需的最先進二十奈米製程。

保 IP 謹慎驗證杜絕三星亂告

台積電投入大量資源，不僅是為了蘋果訂單，更是為了與張忠謀口中「可畏的對手」韓國三星一較高下。對許多台灣民眾而言，這不只是兩家國際大公司間的 PK，更隱含著半導體技術的國力競爭意義。

在台積電南科十四廠，有一萬多人日夜接力工作，好讓蘋果處理器得以順利出貨。為了這個產品，他們耗費數億元開發出兩個版本，其中之一終於在二〇一三年底獲得蘋果認可。蘋果訂單也創下台積電出貨量增加速度最快紀錄，短短一年就貢獻台積電約七％營收，估計約五百億元，可望躋身台積電前三大客戶。更重要的是，過去台積電只能透過高通等間接供貨 **iPhone** 晶片，這次終於大口咬下蘋果。

外資分析師估計，蘋果一家就吃下了台積電七成至八成的二十奈米產能，加上高通、聯發科等的訂單，到年底產能利用率都將是一〇〇％的盛況，客戶想盡辦法「搶」產能，讓台積電成了賣方市場。

台積電打敗三星，獲得勝利，讓全球重量級外資從二〇一一年底不斷買入持股，台積電穩坐台灣第一大權值股。

時間拉回到二〇一二年。**iPhone**、**iPad** 兩項產品的熱銷，推升蘋果在全球半導體採購主的排名不斷向前。儘管當時台積電已經是手機處理器的代工霸主，卻唯獨缺了蘋果這張訂單，這對張忠謀來說，總是少了點什麼。尤其，這張大單是被三星牢牢的握在手中。

雖然二〇一一年開始，蘋果積極的「去三星化」，但想從三星手上把貢獻其邏輯部門約一半營收的大客戶橫刀奪愛，台積電首先要面臨的難關，就是矽智財（ＩＰ）。從雙方接觸到正式下單，只要晶片開發順利，通常一年到一年半就可以進入量產，但台積電爭取蘋果訂單，卻將花上超過兩年的時間。

原因就在於蘋果忌憚一旦轉單台積電，後續將引發三星與台積電專利互告，因此台積電在二〇一二年八月之前，將旗下IP交由蘋果驗證，以確保轉單風險降至最低。

三星人員在拜訪外資分析師時，經常有意無意的提及「只要台積電敢做，就一定告」的態度。這樣的訊息讓蘋果、台積電花了比平常更長的時間作驗證，據悉年初台積電派遣超過五十位員工到蘋果總部，每個人出發前還特別簽了保密協定，他們先幫蘋果解決A6處理器設計問題（已用於**iPhone 5**），再協助認證事宜。

過去三星能獨家吃到蘋果處理器的大單，因為三星手上有橫跨邏輯、記憶體的完整矽智財，如今台積電矽智財已通過蘋果認證，爭取到訂單的可能性也跟著大增。

趕建廠　拚二十奈米量產第一

解決了矽智財問題後，產能是另一個關卡。

二〇一二年十月豔陽下，中科管理局對面的台積電十五廠年初完成了建築外觀，此後接連好幾個月，設備裝機作業如火如荼，業者形容那速度之快「接近瘋狂」，是承平時期的兩、三倍以上，連續趕工下，目前已進入最後階段，逐步放量。二〇一三年上半年，設備廠大軍還將移師台積電的竹科廠，這兩座十二吋廠連同八月起擴廠的南科廠，就是台積電承接手機處理器的三大旗艦。當年度，台積電把相當於一半營收的龐大金額全投注到資本支出，日後龐大的折舊設備攤提，似乎也阻擋不了台積電炙熱的企圖心，因為，它要力拚成為第一家量產最先進二十奈米的晶圓代工廠商。

積極的擴產，不僅是要滿足現有客戶，更是為了蘋果可能的訂單需求布建足夠產能。這也預告了台積電以二十奈米與蘋果合作生產 A8 處理器，會在二〇一四年大量應用在蘋果的 iPhone 與 iPad 上。

設防線　由轉投資公司接三星訂單

然而，對於距離新竹科學園區一千五百三十公里外的韓國三星總部來說，這張訂單卻也是同樣關鍵。三星如果沒了蘋果的處理器等所有晶圓代工訂單，邏輯晶片部門營收可能將低於十億美元，剩下一半不到。這也暗示，三星必須在一年內，想辦法找到蘋果以外的大客戶，填滿蘋果逐步轉單之後的需求空間，而高通、輝達等台積電現有的大客戶，肯定是優先名單。這也讓台積電與三星之間，檯面下的過招動作越來越多。早在這之前，韓國員工自台積電離職，部分機密也跟著不翼而飛的事件，就在半導體業界時有所聞。當時，三星員工頻繁接觸外資分析師，他們散布著各式各樣的消息，包括蘋果 A7 處理器不會由台積電一家獨拿，三星仍有一半的機會留住蘋果下一代處理器訂單等等，試圖讓市場輿論不要往台積電一面倒。

另一方面，三星也以釋出 4G LTE 晶片訂單的誘因，希望到台積電下單生產，並藉此一探台積電製程技術的虛實。但台積電忌憚三星成為直接客戶後，可能會有進入廠區、機密外洩的可能，因此要求三星與台積電轉投資的設計服務公司創意合作，再由創意到台積電下單生產 4G LTE 晶片，作為與三星直接接觸的防線。

為了這張史上單一產品最大訂單，蘋果、三星、台積電你來我往的三方角力，在二〇一四年台積電正式拿下 A8 處理器訂單後見真章。大尺寸手機 iPhone 6，成了蘋果坐穩智慧型手機王位的重要里程碑，對第一次吃下蘋果單的台積電來說，不僅是為日後的股價飆漲奠基，更把三星狠甩在後。

除蘋果 iPhone 用A系列晶片的代工訂單之外，包括處理諸如人工智慧（AI）、自駕車等複雜任務的晶片，台積電也在先進的七奈米製程技術上較三星領先，兩者的關鍵競爭預計會落在二〇一九年，屆時能否一舉拔除三星這個在背芒刺，將是後張忠謀時代的台積電，要繳出來的第一張成績單。

（摘錄自《商業周刊》一三九一期・20140717、一二九九期・20121011）

回任改造六百天

——三大擴張策略讓台積電再進化

二〇〇八年金融海嘯後，張忠謀在次年重掌執行長軍旗，當時他已經盤算到，競爭對手必將逐步關閉沒有競爭力的晶圓廠，他因此大膽踩下油門，大幅擴廠，同時擴張產品地盤、活化資產。

二〇一〇年全球半導體大成長，但這一年仍有二十二家晶圓廠關門，此後兩年內又關了二十家。正是張忠謀研判趨勢的神算和遠見，才能預先備好產能，大口吞下市場釋出的訂單。深思考後的布局，讓台積電二〇一〇年的營收和市值，再度寫下新里程碑，也讓全世界見識到老將的威力。

二〇一一農曆年，台積電宣布停止當年度歲修。新竹科學園區裡的超大型晶圓廠（GIGA FAB）裡，訂單已經滿載，這是台積電自成立以來最豐收的一年。當年度一月份，台積電公布自結營收，二〇一〇年，台積電營收為四千一百九十五億元，是公司成立以來最高。德意志銀行研究報告分析，台積電二〇一〇年稅後淨利將達一千五百九十一億元，不但直逼台塑四寶四家公司一年稅後淨利一千七百億元的水準，更打破台積電有史以來的紀錄。在這一刻，台積電市值站上兩兆元，成為台灣市值最高的公司。

台積電正在全速運轉，不但產能利用率衝破一〇〇％，毛利率站上五〇％，二〇一〇年員工人數更突破三萬三千人，比二〇〇九年增加近一萬名員工。

這是台積電董事長張忠謀在二〇〇九年重掌執行長軍旗的第二年，三大策略，讓全世界見識到老將的威力。金融海嘯發生後，台積電上上下下擰緊水龍頭，節約成本。張忠謀回任之後的第一步，踩下油門：大幅擴增資本支出，不讓對手有任何機會拿下訂單；第二步，增加產品線：除了邏輯晶片（IC），強化了七個領域；第三步，活化資產：除了最先進製程持續領先，更讓六吋、八吋廠產能集中在車用電子零件等附加價值高的產品。

如果說台積電僅僅是拜景氣回升之賜，似乎太低估其中的技術含量。二〇一〇年的確是全球半導體大成長的一年，但仍有二十二家晶圓廠關門。國際半導體設備材料產業協會（SEMI）資深產業研究經理曾瑞瑜觀察，「二〇一〇年IDM（整合元件製造商）新蓋的廠，幾乎沒有。」晶圓代工模式，正在大口吞吃由IDM釋出的訂單。雖然三星、格芯都覬覦這塊市場，結果證明台積電才是勝利者。

第一步：增加資本支出　緊抓訂單

台積電贏的祕密，藏在張忠謀用六百天對台積電的大改造策略裡。

故事，要從張忠謀回任前一個月開始說起。

二〇〇九年五月，張忠謀在台積電總部和友人會晤時，擔憂的說，「公司需要**deepthinking**（深思考），」張忠謀友人回憶，當時張忠謀剛從世界經濟論壇等國際會議回國，他發現，一股新的勢力正在成形。張忠謀友人轉述，張忠謀觀察到外商正在扶植**second source**（第二供應商），如德州儀器等外商釋出的訂單，除了台積電，必定有一部分下給三星等其他廠商。他感覺到，對手正在招兵買馬，要形成足以和台積電對抗的新勢力。

張忠謀回任之後，台積電的策略有了一百八十度的轉變。

「當時所有人都還在討論二次衰退。」摩根大通半導體分析師徐禕成觀察，沒有人知道接下來訂單狀況如何，但張忠謀回任後第一次參加董事會，提出的議案，就是增加台積電的資本支出，從踩煞車變踩油門。從那時開始，台積電幾乎每次法說會，都上調資本支出。張忠謀上任後一個月，第一次法說會後，外資法人就投下反對票，花旗、美林等外資法人就質疑台積電增加資本支出的做法，下修台積電目標價。瑞銀報告也擔心半導體產業供過於求，維持「中立」。

張忠謀的困難在於，如何找出最適規模？一個判斷，關係到增加新台幣一千億元投資，還是砍掉一千億元預算。台積電是提供晶圓代工製造服務的公司，必須準備一籃子的製程技術。「客戶永遠希望你多投資，讓他有更多選擇。」一位半導體產業人士分析，「你該準備哪些製程，什麼時候準備好，才能接上客戶需求？」台積電如果太早提出新技術，市場還不成熟，拖累獲利，會對不起股東；太晚提出新技術服務，跟不上市場，會對不起客戶；而且，一旦做出開發承諾，就難以更改，如何平衡，是台積電的關鍵策略。

張忠謀的第一步，是先小心的試踩一下油門，他的名言是「我只冒經過計算的風險」。剛回任時，他宣布台積電的資本支出和前一年一樣，維持在十八億美元，看到國際半導體市場好轉，二〇〇九年底，台積電實際資本支出，最後加到二十七億美元。

徐禕成觀察，當時張忠謀已經盤算到，在金融海嘯壓力下，競爭對手也逐步關閉成本沒有競爭力的晶圓廠，如果一味保守不增加資本支出，釋出的訂單，反而會讓對手坐大。

第二步：增加產品　多達七個領域

在接任前，張忠謀曾在內部會議裡痛罵台積電只投資高階製程的做法，「如果繼續這樣做，以後台積電市場就只有芝麻那麼大。」

二〇一〇年初，第一場法說會上，張忠謀再次出招。台積電大談「More than Moore」（超越摩爾定律）的服務，宣布除了原本擅長的邏輯晶片代工之外，還跨足了電源晶片、微機電等原屬類比晶片的七個領域。

在法說會上，當法人詢問台積電是否會跨入CPU領域時，張忠謀曾表示，晶片分類只有三種，一種是DRAM，另一種是邏輯晶片，第三種就是類比晶片。張忠謀表示，在邏輯領域，我們還想做更多。產業人士觀察，這意指除了DRAM之外，全世界的晶片技術，都在台積電的「射程目標」之內。

第三步：活化舊廠　布局車用市場

這一步是一石三鳥，張忠謀的策略是，讓製程較為成熟的六吋廠和八吋廠，製造不需要最先進機台的產品，活化資產。目前十二吋占台積電全部產能約二二％，六吋占九％，八吋占六九％左右的產能，但六五奈米以上成熟製程，對獲利的貢獻度約為一半。

同時，台積電早已布局多年車用電子零件市場，正好能幫這些舊廠提高附加價值，一位分析師觀察，以前這些工廠只能做低階的玩具用晶片，通過汽車廠認證後，做的是一個上千元的汽車控制晶片或胎壓控制器，價值增加百倍以上。

更深的策略意義是，「這些技術（指電源管理、微機電等技術），都要和邏輯晶片整合。」一位半導體產業人士觀察，台積電這一招，等於是用自己在邏輯晶片上的製程技術王牌，通吃所有對手，同時用原本老舊的製程設備，幫自己創造新利基。

全面檢視工作流程　效率再提升

二〇一〇年開始，張忠謀還在台積電內部推動另一項改革：「減少工時」。二〇一〇年十月，張忠謀在台積電運動會上公開表示，「不希望員工工作超過五十小時。」甚至開始盤點電子郵件的效率。

現在在台積電內部，部分單位電子郵件系統裡多了一個按鈕「我不要再收到這封E-mail」，這是台積電為了減少工時做的新設計，如果收信者認為這封信只是浪費時間，只要按下去，這封信就會退還給發信人。這個做法最大的意義是，對台積電所有的流程進行全面的體檢。執行的過程裡，所有人被要求「不能習以為常」，所有流程都要重新思考是不是合理，要找出在更短的時間內，達到同樣效率的方法。

以張忠謀為例，他直屬的副總每天開多少會，通通統計下來，發現副總的工作時數超過五十小時，張忠謀乾脆刪掉幾個會議「不開了」，改由授權副總自己決定。他曾分析，台積電要增加價值，靠的就是「研發」和「資本注入」，過去半年，張忠謀對台積電的市場價值，發言越來越多。

他知道，半導體產業難再現高成長，台積電在晶圓代工全球市占率也早已突破五成，要帶領台積電，在創下營收、獲利新高後，倘若未來每年都要再成長一〇%，一步、一步達陣建功的具體策略，才能繼續讓大象跳舞。

（摘錄自《商業周刊》一二一〇期．20110127）

飛利浦完美釋股
——台積電公司治理關鍵一役

「大股東」這個詞，在張忠謀經營台積電的前二十年，一直是個大議題。台積電最大股東荷蘭飛利浦，一度擁有台積電超過四分之一的股權，直到二〇〇七年三月九日，飛利浦宣布將手中占台積電一六．二％的股權完全釋出後，張忠謀才放下心中一塊大石，漂亮的完成他為台積電長遠發展的重要戰役。

對這場在公司治理上投入最多精力、時間的重頭戲，張忠謀在接受《商業周刊》的訪談中，解釋了他一步步耐心布局釋股的過程，也顯示了他的圓熟謀略。

二〇〇六年九月，飛利浦與台積電的釋股洽談正式展開，張忠謀回憶，這過程中最困難的部分，在於「既要滿足飛利浦的需求，又不能對股市造成賣壓，現金買回股票又需考慮保留盈餘的限制」。這是一場要如何「多贏」的考驗。

釋股以前，台積電在台灣股市每日成交金額半年平均值，約新台幣二十七億元計算，如果大股東飛利浦全數釋出股票市值約新台幣二千八百億元，換算為每日平均成交量，需要一百個交易日，市場才能完全吸納這家大股東的出貨，對股價勢必有重大衝擊。

然而，飛利浦釋股，不僅沒造成台積電股票賣壓，法人分析師一致給予好評，認為此舉有助於提升股東權益報酬率（ROE），台積電股價也應聲上漲。為什麼？

在與《商業周刊》的深度對談中，張忠謀解釋了他一步步耐心布局釋股的過程，也顯示了他的圓熟謀略。

張忠謀解釋，飛利浦投資台積電的決策，屬於策略性投資，也就是長期對本業有密切關聯。在台積電初創五十五億元資本額中，飛利浦投資額當時約為新台幣十五億元，持股比率二七．五%。比起成立之初行政院開發基金四八．三%的持股比率，飛利浦並非第一大股東，但卻因提供技術及專利保護傘等奧援，在投資協議書上獲得多項優勢條款。例如，飛利浦擁有提名財務副總經理的權利，並於一九八九年至九六年的七年間，擁有向開發基金或其他股東收購股票至台積電股權五一%的權利。

這項權利，成為台積電從一九九一年開始規畫股票上市時，最需解除的緊箍咒。因收購五一%股權的條文不符合證管會股票上市規範。為此，張忠謀曾經親赴荷蘭，向飛利浦總部積極爭取，最後飛利浦終於取消這項條款，台積電順利在一九九四年股票上市，走向了真正公有制（public ownership）。

兩年布局　避免釋股造成賣壓

但從二〇〇三年開始，飛利浦出脫台積電股票的數量及頻率都開始增加。「它（飛利浦）感覺到半導體事業非所長呀，」張忠謀說。但飛利浦每次大筆釋股，台積電的股價賣壓就伴隨而來，「這幾年我一直在想，該怎麼消除這個陰霾。」

到了二〇〇五年，飛利浦正式決定要脫離半導體事業，台積電董事會於年中通過飛利浦轉讓手中約占台積電二・一%持股為ADR（美國存託憑證），用這方法取得飛利浦同意，至二〇〇六年底之前，飛利浦不能再賣台積電股票。

但張忠謀認為，「是有幫助，但假如能永遠不再賣，更好！」不過，張忠謀對讓飛利浦進一步釋股也小心翼翼，「不能讓飛利浦的股票落到有心人手上，搞起來要一席董事，不能有這種事情發生。」

張忠謀在二〇〇六年九月親自出馬，與飛利浦談定原則，就是釋股不能對股市形成賣壓，且大股東釋股的長久陰霾也要一次消除，避免夜長夢多。

其中台積電掌握的關鍵籌碼，在於雙方議定的飛利浦釋股，大部分是以ADR轉讓，約合市值二十五億美元（約合新台幣八百三十億元）。由於台灣股票轉為ADR，都必須由董事會審查，加上飛利浦宣布釋股案時，已辭去所有台積電董事席次，因此未來台積電董事會在討論轉讓ADR股東名單時，飛利浦只有被動決定的角色，不會參與決策。

「我是常常提醒他們：你有的台積電股票不是ADR，是台灣股票啊！」言下之意，飛利浦股票能否順利轉換為ADR，還要過董事會這一關。

排除私募基金、策略性投資者

而拒絕「有心人」承接飛利浦的持股，張忠謀也是從嚴定義。所謂有心人，最直接聯想，就是近年國際間令人聞風色變的私募基金。張忠謀透露，釋股過程中的確有很多私募基金來接洽，但都是直接找飛利浦洽詢。

然而，飛利浦總會先徵詢張忠謀意見，其實他們也很了解私募基金應為「有心人」。

所以徵詢的口氣總是：「我們覺得私募基金不能答應，你覺得怎麼樣啊？」張忠謀描述這語句時，自己也不禁笑出聲來。

除了私募基金，張忠謀也明確表達「策略性投資者免談」的原則。「策略性投資者參與我們，是與他們業務有關，要來管事的，就算不能管，他也要發言權。」

飛利浦這次釋股，約有五分之一由國內的壽險公司承接，其中買最多的是國泰人壽，耗資新台幣二百五十億元，取得超過一%的台積電股權。這也是張忠謀的規畫，他希望承接者是純粹財務投資，且盡可能長期投資。「人壽公司也好，有心人也好，他們要找高盛，高盛來做初步篩選。」

就在張忠謀步步為營下，飛利浦這家台積電初成立時舉足輕重的大股東，到二〇〇七年董監改選時僅餘一席，逐漸淡出董事會，最後再完整出脫所有持股，且台積電股價不僅未受影響，反而受到外資法人一片正面評價。自此之後，台積電可以完全放手實現張忠謀對於公司治理的理想。

這次過程，個中三昧，張忠謀一句「我很滿意」，盡在不言中。

（摘錄自《商業周刊》一一〇一期．20081225）

天下第一廠

——晶圓代工霸業奠基

全台灣第一座十二吋晶圓廠——台積六廠，是二〇〇〇年全球最大的半導體單一廠房，建成以後供應當時台積電至少十分之一的產能，年產值約為新台幣二百五十億元。

一九九七年，當台積電正式宣布投入新台幣九百億元在南科建廠，並建置十二吋生產線後，半年之內，包括聯電、茂矽、華邦、旺宏，都紛紛宣布跟進計畫，因而帶動了台灣晶圓廠升級風潮。這座堪稱「天下第一大廠」的科技城堡是如何建造起來的？背後有什麼故事？它又有何「能耐」？

「四十年前我剛到矽谷的時候，那裡還是一大片蘋果園，但現在已是寸土寸金，我相信台積六廠也會把台南科學園區四周甘蔗田，變成矽田，成為全世界另一個高科技奇蹟！」一九九七年，張忠謀在台積電的第六廠、也是全台灣第一座十二吋晶圓廠的動土典禮上，留下了這段豪語。三年之後，台南科學園區附近甘蔗田依舊茂密，高壓電塔一座接一座往兩旁綿延，經由南科超高壓變電所的二百一十萬千瓦的功率，不分日夜送往地平線上那座黑白紅相間的台積六廠。

樓層面積八萬八千八百平方公尺的台積六廠，是二〇〇〇年時全球最大的半導體單一廠房，也擁有全球最大的一萬八千平方公尺的無塵室，至少供應十分之一的產能，在產能滿載的情況下，產值曾是當時台積電各廠之冠。

台積電鳴槍　擴大十二吋廠戰場

每當黑夜降臨，地平線就被這座工廠所照亮，三班制工人輪流上線，四周蛙鳴依舊，新市和善化之間的三抱竹村，開始有了第一家二十四小時的便利商店，南方之夜狂想曲開始暖場。

時任國科會產業分析師馬維揚指出，與其說台積六廠帶動新一波十二吋建廠風潮，不如說台積電擴大了「戰爭規模」，各家觀望的氣氛也被台積電打破。一九九七年，當台積電正式宣布投入新台幣九百億元在南科建廠，進而建置十二吋晶圓生產線，半年之內，包括了聯電、茂矽、華邦、甚至旺宏，都紛紛宣布十二吋晶圓廠的計畫。其中，聯電和日立合建的十二吋晶圓廠，初期就要投入新台幣五百八十億元。

「沒辦法，不做等於宣告放棄，三年後看台積電慢慢把這個市場吃掉！」一名業界人士指出，聽到台積電決定要興建南科六廠相當驚訝，一方面當時全球只有兩座十二吋晶圓廠，而且都正在興建中，一座是英特爾的，另一座是西門子的Infineon。這種全球最先進的製程，台灣並非沒有能力開發，只是台灣一向跟在大廠後面，供應產能。

一九九八年，半導體的景氣正從谷底開始爬升，台積電卻讓競爭者喘一口氣的時間都沒有，台積電還在六廠配置第一條十二吋晶圓生產線，也是全台灣第一條「點一三微米、銅製程」的生產線。

泥濘的地表，馬上被一部部載來了鋼筋和水泥的卡車，劃下深陷的輪胎痕跡，台積六廠所需的高拉力鋼筋共三萬四千噸，等於可以建兩千五百戶國宅。

第一批台積電人員約三十人，在資深建廠工程師林俊吉、處長劉人名率領下進駐，臨時搭建的兩層樓工寮就是「戰爭臨時指揮所」。眺望西邊，和台積六廠同一天動土的南科管理局的標準廠房和管理中心，也在加緊搶攻結構。曬得很黑的「阿吉」，是台積電第二十四號員工，可能也是台灣穿著最髒的億萬富翁。他從挖地基開始參與，地底、地面上下跑，穿著工程服直接前往南科籌備處，希望他們趕快把整個南科的排水系統做好。

沼澤地上生根　可承受八級強震

這裡原是一片沼澤地，三千年前就有文明在此棲息。不過三千年後卻是台南有名的淹水區，再加上地表二十五公尺下才有岩盤經過，地表沉積岩土質相當鬆軟。負責工程的互助營造公司董事長林清波表示，依照台積電對防震的要求，就算台灣發生八級大地震，六廠還是可以不受影響。以九二一大地震為例，當時新竹科學園區承受的最高地面加速度（PGA）是〇．一三九克，而六廠可以承受高達〇．六克的PGA，等於是四倍以上。

同時，要懸吊主體建築的龍骨，必須緊緊抓住大地。歷史五十年的互助營造，擁有蓋十五座晶圓廠的經驗，但是這次，互助營造要先把地基挖到三層樓這麼深（普通廠房約一樓深）、再埋三千根直徑五十公分的鋼筋混凝土樁吃到岩盤。只不過，大雨一來，剛灌好泥漿的結構就全部沖毀。

「光是地基就淹了兩次！」林俊吉表示，建廠的技術不是問題，但問題是他們效率太高，連南科周邊排水工程系統還沒完成就開始在地基灌漿，而每次淹水後，除了要清理地基，打掉重來，又要停工一星期，損失都達數百萬元。這也是台積六廠要在南科「生根」的代價！

當時在台積電三廠工作、台南出生的工程師陳仲怡，從大學時就北上中原大學念書，畢業後就在新竹科學園區，一待又是八年。當他得知張忠謀決定在南科設廠時，還特別趁回家時自己騎摩托車來這裡看看。在他穿過一大片甘蔗田時，心就涼了一半，看見滿是泥濘的預定地時，心中更開始懷疑，何時才真的能夠回家。

每天要做五十個伏地挺身、鼻梁直挺的台積六廠廠長趙應城，是國內最早接觸DRAM製造的工程師之一，他的專長在「系統整合」。所謂「系統整合」，就是在半導體設計和量產之間，做溝通和整合的工作。台積人都喊他「老趙」，當他打包好了聯電總經理許金榮送他的鍾馗立像，正準備出發南科之前，總經理曾繁城還特別召見他，送他四個字：承先啟後。

承先啟後　三分之一人才來自竹科

說「承先啟後」是因為台積六廠是台積電最後一座八吋廠，也是全台灣第一座十二吋晶圓生產線。而另一方面，六廠內部空問的設計，包括內部四條生產線，可以互相支援，隨時從八吋變成十二吋，十二吋變成八吋，這也是國外最先進大廠的設計方式。隨著地基的防震測試完成，互助營造每天一千五百人次的工人，八個月內完成了地面上硬體架構，一九九九年二月，台積六廠開始進行裝機作業，第二批三百人也開始進駐六廠，三分之一是北部召募再培訓六個月、三分之一在本地召募、三分之一是從竹科各廠調來，陳仲怡也在其中。林俊吉告訴這三百人，這裡的星星很大、很亮，一天勞累之後，數星星睡覺是最好的消遣。

以往台南新市附近最貴的一桌菜是三千元，自從南科的台積六廠進駐後，變成了六千元，假日還座無虛席。南部的搬家公司也開始注意到高科技商機，投資數百萬買來「氣墊式」的貨櫃車，爭取運送半導體機器的生意，舉例來說，一部價值三億的十二吋曝光機組，從高雄港到南科，運費就高達六百萬元！

分寸之間，差別何止百萬。如果只是一座單純的八吋廠，建廠成本只要八到十億美元，也就是兩百五到三百億台幣左右。但是興建十二吋的晶圓廠，成本就變成了二十到三十億美元，也就是三倍的投資。

由於每一片十二吋晶圓可以切割的晶粒，比八吋晶圓多了二．二五倍，成本少了三〇%。所以說投資十二吋晶圓廠，最主要是為了一場「成本的戰爭」。對於容易標準化而量大的CPU晶片、晶粒面積大的繪圖晶片業者，如果沒有一座十二吋晶圓廠，就意味著未來每一片記憶體的成本比別人貴三〇%。

以規模和速度　向「天下第一」邁進

要做到最大，成本才會最小，這是台積六廠要做天下第一廠的原因。趙應城白天領導年輕的工程師裝機、試機，下班後陪大家打壘球、打羽球。二〇〇〇年七月十五日，台積六廠先成功達到月產一萬五千片八吋晶圓的目標，並在三個月後挑戰每月產能三萬片。世界上從來沒有一座晶圓廠，在正式量產後半年內就可以達到這個數字。

從打樁的那一天起，台積六廠就以規模和速度向「天下第一」邁進。

當時，全球的晶圓需求，大約每年增加三〇%。二〇〇〇年九月五日，時任副總統呂秀蓮的科技之旅來到台積電，張忠謀對她表示，等到二〇一〇年時，全世界的IC有一半是來自專業的晶圓代工廠，而這一半來自代工廠的晶圓，又有一半是來自台積電！

「我們南科支持台積六廠全力運轉絕無問題！」時任南科管理局主任戴謙表示，每一片晶圓需要用到四噸的水，七〇%可以回收，南科附近有三個水庫，包括新市、善化和箱涵，即使美濃水庫不建，也綽綽有餘。至於電力，南科有著像美國西部公路上一樣的高壓電塔連綿，背後有漳頂、烏山頭等三個迴路的電力，蓄勢待發。

關於南科對台灣第一座十二吋晶圓廠的支持，劉啟光表示，管理局已在他們權限內做得相當完美。不過，為了保險起見，台積六廠還是會有自己的備用發電廠，讓南科的地平線始終明亮。

有了廠，還要有人，才能打仗。未來，台積六廠總共需要五千個人力，但是南台灣有足夠的人才嗎？竹科附近有交大、清大，車程一小時左右還有中央和中原，提供了許多人才。針對這點，成功大學工學院時任院長王駿發說，成大工學院有八千人，從環工到水利有十二個科系，人才供給面完整，人數等於整個交大。至於素質，王振明回答得更妙：「目前清大校長劉炯朗、交大校長張俊彥都是成大畢業，你說素質如何？」

台積電副董事長曾繁城也是成大畢業。台積電已在成大工學院設立講座及獎學金，拉近學術和實務的關係。離南科一小時車程處，還有中山大學和義守大學。更重要的是，原本南部很多理工人才開始回流，讓南部城市重新復活。南科人才就業博覽會上，台積電大排長龍，爭相擠進六廠大門，劉啟光透露，連作業員職位的關說層級，有的都在立法委員之上。

當時，台積六廠約有一千七百名員工，二〇〇一年要增加到二千四百人，等於在一年中的二百四十個工作天裡，平均每天都要召募三名新人。關於台積電的人員召募，早期地方上曾有「台積電不用南科地方人」的抨擊，事實上，目前台積六廠的員工約有半數是來自台南縣市。同時，現在也有越來越多南部民眾開始知道台積電股票不好拿，除了要輪班，有時還得工作到深夜，這對許多習慣白天工作的南部民眾來說簡直不可思議。

台積六廠二百坪的餐廳裡，每天供應四餐，另外，還有奇美博物館經營的藝術咖啡廳供員工小憩；在台積六廠無塵室的入口處，交班時人潮洶湧，工程師和作業員在此互相寒暄後，上線的上線、回家的回家。但是在三樓的 300mm 點一三微米工廠旁卻是另一番景象，有人在牆邊低頭啜著咖啡、有人在門外輕聲交談，緊張氣氛讓走過的人也加快腳步。

操盤手蔡能賢　挑戰晶圓製造新頁

300mm 點一三微米生產線，是台積電當時最先進的技術，也讓台積六廠成為台灣第一座量產十二吋、點一三微米晶圓的工廠。

什麼樣的工程師可以領導台灣大廠和世界同步、開發出最先進的半導體製程技術？負責這條生產線的工程師是蔡能賢博士，清大物理系畢業的他，是美國麻省理工學院材料工程博士，原來是世界先進的副總經理，台灣開發出第一批六吋晶圓時，他就在現場，而八吋晶圓誕生時，他更自己開發出一套量產的模式。現在，全球的半導體大廠和設備商都在屏息以待，看著他如何用最先進的快速大尺度曝光、全掃描式光罩機器，以銅製程開發出十二吋晶圓的量產模式！

包括全球最大的半導體設備廠美商應用材料，都派出最頂尖的工程師小組進駐台積六廠，隨時和蔡能賢的點一三微米小組討論十二吋晶圓設備的製作和改進。對全世界的半導體設備商來說，十二吋設備機器正是下一波的主流，如果沒有跟上，也將被市場淘汰。一名設備商業者表示，台積六廠十二吋量產的關鍵技術，已取得半導體產業的主導地位。

「他是那種可以一個人用網球拍對牆壁打反手球，半個小時都不變換姿勢的人！」一名和蔡能賢熟悉的工程師指出，他對複雜精密、但是要有耐心的工作很擅長。蔡能賢在四十歲時才開始學網球，但兩年後就打到新竹園區杯雙打亞軍，蔡能賢說，他最欣賞的球員是張德培，為了救任何一絲一毫的機會球，奮不顧身。

全球最大的半導體廠英特爾，在二〇〇〇年年底正式量產十二吋晶圓，而台積六廠的時間表，則是二〇〇一年的第二季，月產五千片，當時緊追在後的是日立與聯電合資的十二吋晶圓廠，開出月產七千片的產能。面對這樣的激烈競爭，蔡能賢說，做好每一個細節是決勝關鍵。

「未來，台積電一年還要蓋一座晶圓廠！」曾繁城指出，隨供需起舞反而跌得更重，先蓋好廠房，景氣不好就先不裝機器。台積電從六廠開始，要走得更大步。

台積電在蓋第六廠時，就地挖到了不少三千年前的古物，這裡曾是台灣最早有文明的棲息地。站在這塊土地上，這座台灣最先進的工廠，傲視全球的產能和效率將為半導體的演化史再添新頁，也和ＩＣ產品優勝劣敗息息相關，不分晝夜，台積六廠正在挑戰歷史。

（摘錄自《商業周刊》六六九期．20000914）

天下第一　持續領先

迄二〇二三年初，台積電在台灣設有四座十二吋超大晶圓廠、四座八吋晶圓廠和一座六吋晶圓廠，還有四座先進封測廠。陸續擴增的海外布局包括：中國十二吋及八吋廠各一座；美國亞利桑那州預計二〇二四年生產四奈米，二六年量產三奈米；日本熊本縣十二吋廠預計二〇二四年生產，後續將導入七奈米製程；歐洲廠則在規劃中。儘管如此，未來五年，台灣仍將占有八五％以上產能比重。

製程技術上，三奈米將於二三年首先在南科量產，竹科寶山的二奈米廠則預計二五年量產。台灣仍會是台積電最先進的製造和研發基地。

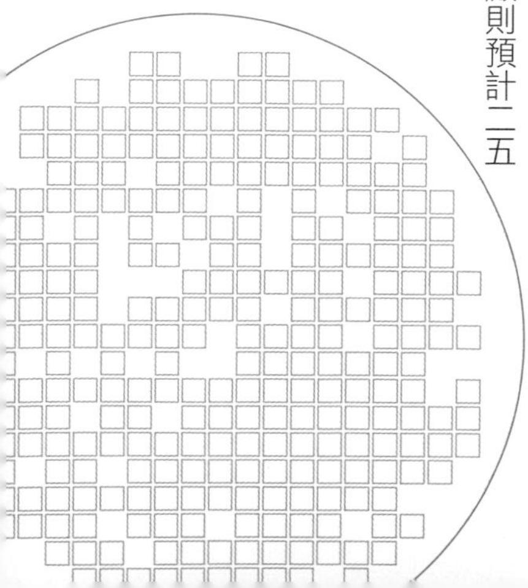

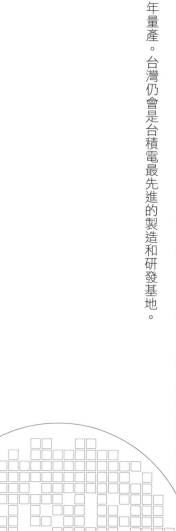

第二篇

格局

器與識的世紀對話

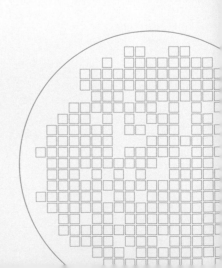

張忠謀在選擇接班人時多次表示，擔任世界級企業的領導人必須要有「器識」。

什麼是器識？「器」是指格局、胸襟，「識」則是見識。二〇一五年，應《商業周刊》邀請，張忠謀與美國前聯準會主席柏南奇對談，不談產業，不談金融，卻以「貧富差距」為主題，針對教育與經濟發展，拋出直接而深刻的問題，擦出東西觀點的火花。

在《商業周刊》二十週年慶企畫中，張忠謀擔任一〇一一期客座總編輯，親自提筆寫了「公司治理九問」，文如其人，邏輯架構鋪陳清楚，擲地有聲。二〇〇七年，他和奇異前執行長傑克．威爾許分別在台北與波士頓，透過越洋衛星連線，針對企業領導主題進行對談。張忠謀不時引用莎士比亞作品《哈姆雷特》、《冷戰諜魂》中的文句，充分展現出他的西方文學造詣。

本篇也收錄了張忠謀在金融海嘯後接受本刊專訪，談及企業面對不確定的年代，如何 hunker down（沉潛待發）的因應之道。

難得接受「非台積電議題」採訪的他，在以「思考力」為題的專訪中，以「留著別人屁股印的坐墊」的詼諧譬喻，暢談自己在思考和學習上的心法。二〇〇二年《商業周刊》進行「台灣企業誠信度」大調查，他被民眾選為最誠信的企業家。在此篇專訪中，張忠謀具體說明台積電如何把誠信落實到企業經營、徵才標準，甚至長期獲利上，在在顯示出何謂器大、識深！

獨立專業經理人

——教父觀點▼張忠謀親筆闡述公司治理之道

二〇〇七年，《商業周刊》二十週年慶進行了一項創舉，邀請知名企業家及具國際聲望人士擔任客座總編輯，將國際視野引介給台灣讀者。

「客座總編輯」系列報導中，張忠謀是第一位登場的台灣國際級企業家。主題原為「領導人的養成」，整理出萬字文稿後，「張總編輯」更改主題為「獨立專業經理人」，工作團隊再度與「張總編輯」進行第三次客座開講。截稿前夕，張忠謀又給了一個驚嘆號。他提筆重寫，交付本篇〈獨立專業經理人〉，由本社全文照登。

「獨立董事會」「獨立董事」「獨立專業經理人」，是張忠謀呼籲台灣企業在公司治理上共同追求的理想，故此蒐錄本篇，期有助於持續引發台灣各界更多思考和共識。

很榮幸的，被《商業周刊》邀請為這期的「客座總編輯」。接受這任務前，我曾問「客座總編輯要做什麼？」答覆是：「大則可以在《商業周刊》辦公室裡花幾天時間，真正編輯這期；小則可以為這期寫一篇文章，或接受一個專訪。」

我既無總編輯的專業才具與經驗，又無時間來做上限的大任務，就只好盡下限的小責任了。但是，我還是希望把這件事做好，所以，在這篇訪問裡，與其談常常談的題目，我想介紹一個新名詞「獨立專業經理人」（簡稱獨立經理人）。這名詞也在台灣代表一個新觀念，以及一類在台灣罕見的經理人。

這題目的念頭，來自《商業周刊》安排與前奇異總裁威爾許的對談。威爾許功績顯赫，舉世推崇。我的功績不如他，但是我們的經理人身分相同，我們同為我所謂的「獨立專業經理人」，我們間有以下的特質：

一、我們是小股東（擁有全部股票的低比例）。

二、我們受雇於董事會，而這董事會不被大股東控制。

三、我們的報酬透明，而且由董事會（或董事會的薪酬委員會）決定。

四、在我們任內，如果董事會（而不是大股東）認為我們做得好，董事會會讓我們繼續做下去；如董事會認為有人會比我們做得更好，他們可以隨時炒我們魷魚。

五、因為我們不是大股東所雇，報酬也不是大股東所決定，所以我們沒有誘因對大股東輸誠。因為我們受董事會監督及制衡，所以也不可能輸送利益給自己。無論我們做得好與壞，我們都是在為所有股東做，而不是偏向大股東或經理人自己。

其實，歐美企業的經理人，大部分都是「獨立專業經理人」。以這身分成名的比比皆是，前英特爾的葛洛夫（Andrew Grove）、前ＩＢＭ的葛斯納（Louis V. Gerstner）、英國石油（ＢＰ）的布朗（John Browne）……都是例子。但台灣的經理人，有幾個能符合我前面所舉的五個條件？

下一個問題是：「獨立專業經理人」真的比非獨立專業經理人對公司好？

如果您（老闆們、股東們）真的要公司永續經營，我的回答是「無疑的，是」。如果您讀到此處，還有興趣的話，請讀我的訪問。

——以上為張忠謀為《商業周刊》一一〇一期親筆寫下的「客座總編輯的話」——

為何要談獨立專業經理人？

這個念頭的起源，我已在「客座總編輯的話」裡說了。有了這個念頭後，我又想起幾個連帶的問題。

第一個連帶的問題是：在台灣，企業經營權爭奪似乎是常態，而在經濟先進國家，經營權爭奪卻非常少見。台灣經營權爭奪的起因，往往是一位股東投資二十幾個百分比、十幾個百分比，甚至幾個百分比，他就要控制董事會，控制了董事會，他就有經營權。

為什麼要經營權呢？我想動機不出於三：一、我（或我的人）有能力把公司經營得好，為全體股東創造最高利益。這是很高貴的動機，但是這個動機可以在我所建議的「獨立專業經理人」機制下求解答。

第二可能的動機是：有了經營權，我控制公司的資源，也就可以輸送利益給我別的投資的公司，或我自己。這個動機當然完全違背良好的公司治理，也完全違背獨立專業經理人原則。

第三可能動機是懷疑或防禦性的：假使我沒有經營權，而是別人有經營權，那我就難保別人不輸送我的利益給他。這個動機在獨立專業經理人體制下，也不會存在。因獨立經理人不會偏向大股東，而是為全體股東謀利，懷疑與防禦的動機就不存在。

所以，我想如果獨立專業經理人在台灣變成常態，而不是例外的話，台灣企業的經營權紛爭該會少很多。

第二個我想起的連帶問題是：怎樣才能產生獨立專業經理人？其實要先產生好的公司治理制度，才能產生獨立專業經理人。

什麼是獨立專業經理人？什麼是獨立董事？

專業經理人是專門經營一個公司的人，他可以是公司的大老闆，也可以是大老闆聘雇的一個人。獨立專業經理人，是獨立於大股東（大老闆）的專業經理人。通常，他是由獨立董事過半數的董事會聘雇的。獨立董事的意義是：獨立於大股東及經營階層，所以由他們過半的董事會聘雇的經理人，應獨立於大股東。

獨立專業經理人這名詞，是我想出來的。西方只有專業經理人（Professional Manager），但沒聽過獨立專業經理人（Independent Professional Manager）。這是因為西方的專業經理人，大部分都是我所謂的獨立專業經理人。在台灣的情形卻很不一樣，許多專業經理人雖名義上為董事會所雇，但事實上是大股東請的。所以在台灣，獨立專業經

教父語錄

先要產生好的公司治理制度，才能產生獨立專業經理人。

理人不但是新名詞，而且是新現象。

大股東決定專業經理人有什麼壞處？

大老闆聘雇的專業經理人，即使大老闆不對他說，他也會知道他必須顧到大老闆的利益。這往往與專業經理人必須為全體股東謀最高利益的責任衝突。全體股東當然包括大股東，但是大股東不應該期待高於他持股比例的利益。至於剛才我所說的衝突，當然有。假使大老闆要再開一家公司，要這家公司投資新公司，這個專業經理人能不投嗎？假使他投，他有顧全全體股東利益嗎？三星電子就是因為投資三星集團內別的公司，才被認為是公司治理不健全。在台灣，你現在就已經看見一大堆企業被檢調偵辦的事件了，而且只是冰山一角而已。

假使老闆要在公司裡用一個人，專業經理人能不用嗎？用的話，他是否顧全了全體股東的權益？假使老闆另有一個公司，與這家公司有業務往來，這家公司的專業經理人是否能完全為這家公司全體股東利益著想？

獨立專業經理人，一定會比老闆自己經營、或雇一個專業經理人更好嗎？

當然不一定。事實上，老闆經營公司，尤其是中小企業，有許多很成功的例子。但從小股東立場，老闆自己經營，或雇一個專業經理人經營，就難免會有偏向老闆利益的懷疑。除了這個懷疑外，還有經理人才來源與接班問題。

老闆挑選經理人的圈子，往往是相當小的圈子：家族、或直接間接認得的人。因為老闆挑人，要挑他能信得過的人。信任往往比能力更重要。這樣一來，能挑人的圈子就小了。獨立董事過半的董事會，挑選經理人的圈子就大得多了，全世界的經理人才都可考慮。當然，挑中的人也必須要能被信任。但是，董事會除了看候選人品格外，還有董事會建立的監督機制，確保經理人的行為沒有瑕疵。就像我剛剛所說，先要產生好的公司治理制度，才能產生獨立專業經理人。

有了獨立專業經理人體制，接班問題也比較少。正如政治威權體制下，領導者可能非常英明，但接班總是大問題。獨立專業經理人制度比較接近民主制度。

評量獨立專業經理人績效的主要標準為何？

這應該由每個董事會決定。一般說來，股東回收很重要。股東回收主要是一、股息，二、股價，而股價往往比股息更重要。股價往往要看整個股市的榮衰，但與公司的成長率和獲利率有很大的關係。

此外，公司的聲譽、員工士氣、市場占有率、公司是否善盡社會責任、有沒有找好人才、保留好人才、與董事會溝通是否順暢，有否忠心執行董事會的指示等等，都是獨立經理人的評量標準。

事實上，董事會評量獨立經理人的標準，與老闆評量他所聘經理人的標準，可能只有一個大不同點。老闆的重要標準會是：這個經理人是否忠心於我，以及我的利益？董事會在評量獨立經理人時，就沒有這個標準了。

好的公司治理，才能產生好的獨立專業經理人？

門克思（Robert Monks）與米諾（Nell Minow）合著的《公司治理》（*Corporate Governance*）一書，開宗明義的說：「公司治理是決定公司方向及表現的不同參與者間的關係，主要參與者是：一、股東，二、董事會，三、以CEO為首的經營階層。」通常股東在選出董事，每年開一次大會後，就此退居幕後。所以公司治理主要是董事會與經營階層之關係。而經營階層又為董事會雇免，所以董事會是公司治理之樞紐。

良好的公司治理，第一步應有獨立、認真、有能力的董事會。獨立在這裡的意義，是「獨立於大股東，獨立於經營階層」，而忠於全體股東。獨立董事的獨立意義也如此。董事會應至少有過半以上的董事，是獨立董事。事實上，歐美許多董事會，幾乎除了CEO外，所有董事都是獨立董事。

為什麼要有獨立董事會？為了保護小股東權益，董事會不應讓大股東（們），拿到他們股權比例以上的公司利益。同時，除了透明的經理人報酬外，也不應讓經理階層拿到因為經營公司才能獲得的利益。

怎麼才是認真的董事會？嚴肅對待它的責任，就是認真。

董事會第一個責任是監督。它必須監督公司守法、財務透明、及時宣告重要訊息、沒有內部貪污等等。為了善盡監督責任，董事會必須建立組織和管道，例如：審計委員會、屬於審計委員會的財務專家、外部稽核師、內部稽核、內部檢舉管道等。

獨立在這裡的意義，是「獨立於大股東，獨立於經營階層」，而忠於全體股東。

董事會第二個責任，是指導經營階層。在這點上，我很喜歡一八六七年 Walter Bagehot 著作《英國憲法》（*The English Constitution*，闡明英國政府的運作過程，分析英國憲制如何運作成功，是政治學經典著作之一）中，關於維多利亞女皇權利的闡述。雖然現代企業董事會不是十九世紀英國女皇，現代企業經理階層也不是十九世紀的英國首相，但 Walter Bagehot 的語言，仍可適用於現代企業董事會對經理人的指導關係上。

Bagehot 說：「女皇有三權：被諮詢、鼓勵、及警告（the right to be consulted, the right to encourage, the right to warn）。」董事會在指導經營階層責任上，也有這三權。

請注意，「被諮詢」是一個權利，也是一個責任，並不是「經理人不問我們也就算了」。為了執行這三權，董事會應花相當多時間聽取經營階層的報告，也應花相當多時間與經理階層對話。董事會的權力，實際上超過於維多利亞女皇。維多利亞女皇不能雇免首相，但董事會可以雇免經理人。雇免經理人，也就是董事會第三個責任。

董事長的角色是什麼？

有能力的董事，推舉出一個領導人——董事長，就成為有能力的董事會。

怎樣是有能力的董事呢？我認為董事在他的行業的資歷成就，應與 CEO 在他行業的資歷成就至少相彷彿，或超過CEO的成就。不然，董事也很難盡我剛剛講的董事會的三個責任：監督、指導、雇免經理人。

董事長領導董事會。他不能命令董事們，也不能罷免他們。但他必須用他的智慧、判斷力、說服力，領導董事會。沒有領導，董事會就會「群龍無首」，也就不能盡他們對全體股東的忠誠之責。所以董事長的角色非常重要。

董事會是否該制定公司的策略？

許多國內、國外公司，都把制定公司策略作為董事會權責。我的想法並不如此。董事會既不能投入足夠時間，又無足夠專業知識，又無足夠資訊流（information flow），所以不應該制定策略。制定策略應該是以CEO為首的經理人的責任。

但是，策略有無可比擬的重要性。我曾說過：「對的策略是成功的一半」。經理人必須對董事會提擬策略，董事會必須判斷這是高成功機率的策略。董事會也必須經常檢討策略的進展，而且有需要時，敦促經理人做調整。在經理部門擬定策略時，董事會應該充分運用我剛剛所說的「指導三權」：被諮詢、鼓勵、警告。

教父語錄

董事長領導董事會。他不能命令董事們，也不能罷免他們。但他必須用他的智慧、判斷力、說服力，領導董事會。

與台灣其他大企業比，台積電的獨立董事報酬為何相對較高？

台積電的董事酬勞總數，不超過稅後盈餘的百分之一。在這總數中，經理人不拿，國內董事拿的都一樣，國外董事因為要長途飛來台灣開會，投入時間比較多，所以比國內董事拿得略多。

台積電董事會「認真、有能力、獨立」。每位董事都是一時之選，每位董事在他行業的資歷與成就，都可與CEO在他行業的資歷成就相比擬。對於這樣高品質的董事酬報，我有一個約略的衡量標準（rule of thumb）：他們投入董事會事務的每天酬報，應與全時工作的CEO的每天酬報相比擬。這個大約定律，並不永遠都準，但長期看起來，也還差不多。

我研究西方式公司治理，已有四十年。四十年前，我就常常在德州儀器公司董事會做報告，七〇年代和八〇年代，因為在德儀升級，更常常列席董事會。那時候德儀董事長海格底不但是創新型的企業家，在公司治理方面也是創新者、改革者。

德儀早有各種屬於董事會的委員會，有一度甚至有兩種不同的董事（性質與國內常務董事不同）。海格底的創新和改革並不一定成功，但是我從他學到不少。離開德儀後，我又被邀為好幾個大大小小美國公司的董事。當然，做了台積電董事長後，我對公司治理問題有更多的思考。

光是良好的公司治理，不能使一個公司快速成長及獲利，正如光是一部好憲法，不能使一個國家強盛。但是良好的公司治理，可以增加企業成長獲利、永續經營的機會，而且也往往能增加本益比，提升股價。

（摘錄自《商業周刊》一一〇一期．20081225）

貧富不均如何解？

——世紀對話1▼張忠謀向QE之神柏南奇提問

二〇一五年，張忠謀應《商業周刊》邀請，與美國前聯準會主席柏南奇對話。會前，張忠謀特別要求，一定要談「貧富差距」的主題。

這位平時決策以百億、千億計的晶圓代工教父，為了爭取再多五分鐘的發言，硬是在繁忙行程中擠出時間與我們再三溝通：「我希望時間能久一點。」

張忠謀在台灣，從不缺發言機會，為什麼要在意這五分鐘？在他親擬的對談綱要中，字裡行間，可以讀到他對社會階層流動議題的關注，及對年輕人發展機會的重視與懇切。

論壇開始前，柏南奇與張忠謀寒暄，張忠謀主動聊起兩人有三個共同點，因為張忠謀曾陸續在美國哈佛大學、麻省理工學院和史丹佛大學念書，柏南奇也是哈佛大學畢業、麻省理工經濟學博士，並曾在史丹佛任教。

有趣的是，柏南奇問起大他二十二歲的張忠謀：「你每天都工作嗎？」張忠謀說：「對。」柏南奇再問：「不退休嗎？」張忠謀答：「不退休（no retire）。」最後，柏南奇微笑以對。以下為兩人對談精彩節錄。

張忠謀（以下簡稱張）：我們先從美國夢來談起好了，所謂的美國夢就是社會流動性，努力工作你就能力爭上游。十九世紀跟二十世紀初期的美國移民，他們移民到美國的時候一貧如洗，他們希望成為中產階級。如果自己沒有辦法變成中產階級，他們會栽培小孩，讓小孩變中產階級。基本上我也走在這條路上，當時我到美國時只有十八歲，我們家也不富裕，而且也是所得比較低的家庭。

但我父親為我打造了美國夢，我也實現了我的美國夢。我四十歲的時候，我的所得財富應該已經躋身美國的前一〇%了，但那是一九五〇、六〇、七〇年代那個時候的時空環境。但是現在還有美國夢嗎？現在像西班牙的移民，那些住在貧民窟的那些美國民眾好了，他們還有美國夢嗎？

美國夢還是真的，只是沒有過去容易

柏南奇（以下簡稱柏）：我的家庭也差不多。我的祖父母也是美國移民，我太太的爸媽他們沒有上過高中，他們是難民，移民到美國來。後來我太太畢業於史丹佛大學，她的兄弟也畢業於麻省理工學院，我們還是有美國夢的。

但是你講的沒錯，從一九七〇年代中期到現在，所得財富分配不均的情況越來越嚴重，社會的流動性也降低，特別是一開始大家想說，我只要力爭上游，一定能夠躋身上流社會，這還是可以有機會成真的，但是好像沒有像過去那麼容易。

所謂的美國夢，它其實是比較心理層面的。基本上，在美國其實不管你收入多少，每個人都覺得自己是中產階級，所以大家還是會想說，我還是有希望繼續努力工作，以躋身這個財富跟所得的上層。我們根據現有資料顯示，從所得後五分之一躋身到前五分之一的機率是很低的，甚至比歐洲還要來得低，這就是大家在討論的問題。

張：讓我更擔心的一件事情是，以前我們覺得民主跟資本主義，可以為每個人帶來公平的機會，雖然結果不見得公平，但是機會是相同的，可是貧窮的人沒有機會去接受良好教育，他們接受的教育品質可能不像那些有錢人那麼好。

柏：你講的沒錯，教育是很重要的一張門票，就是讓我們有機會躋身上流社會的門票，但是有很多美國的學校，它其實教學品質不好，我們雖然想解決這個問題，但是目前成效並不是那麼明顯。

但是當我們在講這個所謂分配不均，其實指的是一個國家內部的分配不均。例如，我剛才講美國的情況，分配不均是在惡化沒有錯，但如果看的是全球財富所得分配不均，我們會發現，在過去三十年來，亞洲和其他開發中國家的不少民眾，他們已擺脫貧窮，所以全球目前財富所得分配的平均程度，其實比過去要好很多。

不平等不一定是壞事，重點是「機會」

張：我們來談談中產階級好了。很多統計數據提到，經通膨調整過的實質薪資水準，過去十年到十五年都沒有上漲，美國跟台灣都如此。但是我認為生活品質是有在改善的。舉個例子來說好了，中產階級他們現在出去旅遊、去玩的這個頻率，比二十年前、三十年前要頻繁許多。

柏：我給你一個更好的例子。我們知道，現在財富分配差距越來越大，所得比較高的人確實更有錢，但整體來說，現在收入處於平均值的人，比三、四十年前過得更好，因

如果我們認為，中產階級現在的生活是還不錯的，那麼這個收入所得的不平均真的是大問題嗎？

為我們現在有更新的藥。人均壽命越來越長，但是像這些健康的改善，不見得會反映在金錢價值的統計數字上。

張：我很高興我不是經濟學家，所以我不需要去評估我認為重要的事情，我只要用感受的就好。我想更進一步請教你，如果我們認為，中產階級現在的生活是還不錯的，即使這些往往是難以評量的，那麼這個收入所得的不平均真的是大問題嗎？

柏：這是另一個很有趣的問題。我認為不平等不一定是壞事，重點是在機會。第一，中產階級生活沒有問題；第二，中產階級可以努力工作爬到上層，所以機會是重要的。世界上有很多很有錢的人，這不是問題，我們一開始討論美國夢，美國夢不是說大家都要變很有錢，一九三〇年代經濟大蕭條的時候，還是有很多人可以去看當時的電影，重點是在中產階級能不能發揮所長然後往上爬。

皮凱提的富人稅行不通

張：我想請教皮凱提（Thomas Piketty）的著作《二十一世紀資本論》。你好像不同意皮凱提有關於「資本收益率」（R）大於「經濟成長率」（G）的前提？

柏：我是從實證的觀點來說我不同意，他的論點是資本收益率高於經濟成長率，收入就會有越來越大的差距，窮人越來越窮、富人越來越富，但我認為這結論不一定正確。

不是只有財富收益很重要，更重要的是課多少稅，如何在後代進行分配，消費多少、捐多少給慈善團體。從實證觀點來看，R不一定大於G或所得成長率，根據實證顯示，特別是在美國，不平等越來越嚴重，這是所得不平等，不是財富（wealth）。

我最喜歡的例子是，在棒球界，有球員簽約金可能是三千萬美元，有些球員的簽約金只是幾萬美元，即使是在MLB（美國職棒大聯盟）裡頭，球員薪資也差很多，為什麼會如此呢？我認為，是因為在全球經濟裡頭，技術最好的人可以受惠於全球開放市場，那如果你的能力比較平庸，你可能就拿不到這麼優渥的薪水，所以我不同意R大於G的理論，但這不代表我認為不平等是一個不嚴重的問題。回到你剛說的機會是否均等的問題，那機會是重點，我覺得我們應該更努力去改善機會、改善教育。

張：你同意皮凱提關於富人稅的提案嗎？

柏：我覺得這不是很實際，光是很多人藏錢的開曼群島就很難課稅，我雖然無法提出實際的解決方法，雖然稅率政策確實是一個國家財富重新分配的好方法。但是富人稅不實際，因為財富會轉移，讓你無從課稅。

張：我要說的是皮凱提的富人稅行不通。

柏：你有把你的看法告訴他嗎？

張：有，我有告訴他，但你的話比較容易懂。因為他那個法國口音很重，時間已經到了，非常高興你願意跟我對談。

（摘錄自《商業周刊》一四三七期．20150604）

領導者的兩難

——世紀對話2▼張忠謀與傑克．威爾許高峰對談

一位被譽為「美國當代最偉大的企業家」，一位則是「台灣半導體教父」。他們同台暢談企業領導，會激盪出什麼樣的火花？

奇異集團前執行長傑克．威爾許，塑造獲利成長七倍，市值成長三十五倍的傳奇。但他也在上任五年內砍掉十二萬名員工，「中子彈傑克」之名不脛而走。

二〇〇七年三月，在《商業周刊》舉辦的「發現二十一世紀領導力」大能力論壇中，兩位產業巨擘、風格強勢的領導人，分別在台北與波士頓，透過越洋衛星連線，進行一場精彩的高峰激盪。

二〇〇七年三月七日，在《商業周刊》舉辦的「發現二十一世紀領導力」大能力論壇中，兩位全球管理巨擘：台積電董事長張忠謀與奇異前執行長傑克．威爾許，分別在台北與波士頓，透過越洋衛星連線，進行一場東、西交鋒對談。主持人為《商業周刊》創辦人金惟純。

退休後全年演講超過五十場的威爾許，在對談中可謂「唱作俱佳」，是高潮的製造者；張忠謀則明顯「有備而來」，不但仔細比較他與威爾許何時入社會、何時接掌公司的詳細時程，對談時還不時引用莎士比亞作品《哈姆雷特》、間諜小說家勒卡雷（John Le Carré）成名書作《冷戰諜魂》中的文句，充分展現出他的西方文學造詣。以下就是這場精彩對談的精華摘要：

領導人的誠信有多重要？

金惟純（以下簡稱金）：歡迎二位！今晚第一個問題是，與過去相較，二十一世紀企業領導人的新挑戰是什麼？他們需要怎樣的人格特質？

威爾許（以下簡稱威）：毫無疑問，企業領導人必須有一群員工，你雇用他們不只是用他們的手，更要用他們的心。現在企業執行長已不只是藉由片段溝通，告知員工任務內容而已。明日的新領導人最重要的能力，是對變動的趨勢能預先感知。領導人不只是在經營公司內部事務，還必須對企業以外的各類變數，保持敏銳感應力。

張忠謀（以下簡稱張）：我同意傑克所言，但再補充一些特點，我認為「誠信」非常重要。一位絕頂聰明的領導人，要是沒有誠信，企業將具危險。因此，我在挑選領導人時，會將「誠信」列為基礎特質。

我還要說明，不同的時間與環境，也需要不同的領導人。很少領導人是四時皆宜的。許多領導人只是恰好在特定狀況、環境、時空下表現傑出，我們必須承認，這是為何全球執行長汰換率如此迅速的原因。與十或二十年前相較，現在執行長的任職時間明顯縮短。

威：我想 Morris 回答了執行長適應環境力的問題。我們對此還有個想法，就是「跑道」。一位領導者的跑道有多長？他們在跑道上可否成長？還是就此耗損？我告訴你為何執行長汰換率如此高，因為很多失敗的例子，是他們只是坐上其位，卻不思考贏的策略。因此我們選擇領導者的條件，就是盡量嘗試，但也不一定每次都做對，嘗試思考「跑道」的概念，看他們還有多少成長空間？配合其他的特質條件，選擇領導人。

我同意先前 Morris 對「誠信」的重視，但這只是入場門票，只能讓你參與權力遊戲，並不能讓你升遷。所以，我會找有熱情的人，他可以制定願景，並激勵團隊共同達成

一個好的管理者，必須兼顧長、短期目標。

願景，會因部屬的成功而興奮不已。

企業如何兼顧長、短期目標？

金：經營企業時，經常為兼顧股東的長期願景與短期目標，面臨兩難該如何處理？

威：一個管理者的職責，就是要果斷決定如何取捨你的夢想。你可能要縮減公司某部門的預算，但在另一些部門加強投資。我在奇異擔任執行長共八十七個季度、二十年半，從我上任那天，到我退休那刻，這是最普遍的問題。

員工經常會問：「我們為何須面對短期目標？」每次只要哪些部門是拿到低於預期的預算，面對他們，我就好像處於空方（short side），這實在荒謬。但我相信就算一百年之後，如何平衡長、短期的問題還是一樣的。

張：一個好的管理者，必須兼顧長、短期目標。以傑克為例，他以前有個綽號叫作「中子彈傑克」[2]，之後人們了解，他雖會摧毀目標，也可在短時間內，在山丘上建起豪華別莊（此時只見傑克敲著自己的後腦勺，聆聽張忠謀的論述）。他在奇異，就是可裁減

---

[2] Neutron Jack，形容威爾許嚴格考核員工績效，如同中子彈。

不需要的業務，又為公司建立長遠未來。

但是，大部分台灣企業，主要仍由大股東掌控。因此，只要有控制權的大股東認可，經理人毋須面對來自一般散戶股東對短期獲利目標的壓力。企業執行長在長、短期經營目標的平衡上，只需與控制性的大股東建立共識。這是台灣普遍的企業狀況，當然，也有許多上市公司股權是完全分散的。

私募基金是天使或魔鬼？

金：我發現我準備的問題太簡單了，你們在董事會中會面對更艱難的問題。不如你們都問對方一題更難的問題吧！

張：我問個最近的熱門話題——私募基金。傑克，請問你對私募基金有何看法？他們究竟是「美麗新世界」？抑或只是敲詐勒索集團？我問這題目有兩個面向，第一，是從投資人角度，萬一我將投資私募基金，該怎麼看待這個投資工具？第二，我想請問從購併公司的角度，你有什麼看法？

威：Morris，首先我必須坦白，我在私募基金也有分。

張：你是說你個人也投資在私募基金？

威：是的。

張：這樣嘛，你的回答不能太主觀，哈哈哈。（全場笑）

威：（拍手大笑）所以我可能是個騙子（racketeer）！

張：我沒這麼說。

威：我盡量回答。有次在研討會中，聽眾問我問題，究竟「熱情」是與生俱來，還是可藉外力刺激而點燃？

私募基金的運作過程，通常先挑選我所謂被忽略的「孤兒企業」，入主取得股權後，再為這家公司注入新資源。每當私募基金初次拜訪企業、收集購併評估資訊時，通常你會看到經營團隊這樣的表情（傑克突然趴在桌上，作垂頭喪氣貌），會議氣氛很無聊，因為他們已經被忽略太久，不太會與外界打交道。

但六個月後，再看到這群團隊，他們已成為股東，有了新領導人為他們規畫的願景，他們因有被照顧的感覺而活潑起來，以往一年一次的績效評估，現在是一個月一次。這是種贏家的感覺，很棒。人不管在三十歲、五十歲，還是七十歲，都須點燃熱情。私募基金就是在做這樣的事！

接著從投資者的角度回答。過去十年來，私募基金的資產表現，優於標準普爾指數。

但現在我打算做個謹慎投資人，因為全球現金太多，可追求的標的卻很少。我記得，一九八九年也是類似的狀況，唯一不同是那時全球經濟正往下走。若現在全球經濟也走到那地步，出售公司的獲利倍數很難再有往日十或十一倍水準，所以我認為目前私募基金的榮景已經在相對末期了。

金：Morris，似乎私募基金走紅正困擾著你？

張：不是困擾我，我最近幾個月一直在思考這議題[3]。基本上我認同傑克的觀點，但有點看法不同，就是對私募基金運作時的合理化解釋。私募基金主管常說，購併一家上市公司使其股票下市，如此一來，就可解除他們面對華爾街證交所規範的壓力，如每季公告財報、預告業績變化等要求。但當私募基金最後獲利了結時，又將購併公司重新推上股市，股票再度掛牌。

在我看來，他們所言股票下市的這些好處，過了一陣子，這下市公司又將重新掛牌上市，再度忍受公開股市的「命運暴虐毒箭」[4]。這就好像把一個「寒風中的間諜」[5]，先請他進房間暖和一下，接著再把他推出門外。

威：我非常贊同 Morris。私募基金可保護被併企業遠離華爾街壓力，絕對是天方夜譚！他們會對企業有更多治理監督，讓經營團隊更有壓力。但我們的私募基金主要是讓企業「回春」，注入新資金，讓經營團隊振作奮發。但是絕不可能保護他們遠離華爾街！

張：很好，這是誠實的私募基金。

做專業經理人或創業家？

金：接著想問傑克，若你沒做到奇異執行長，曾考慮創業嗎？會對哪個產業有興趣？

威：我對工作充滿渴望，基本興趣就是每週收到薪水支票。我猜想我血液中可能缺少那種去創業的勇氣，但我很幸運能進到奇異這家大公司新創一個事業，當年我是奇異塑膠產品事業的第一號員工，我做了許多新事情，但財務上卻不須出錢。

在我那年代，進大企業工作是主流。但是現在這現象已改變。最近十八個月來，我與太太走訪全美國三十五所最優秀的商學院，從哈佛、史丹佛到麻省理工學院。在我們面對平均約二十八至三十歲的MBA學生中，約有二〇％至二五％表示他們要自己創業，他們已不想進大企業，想要擁有自己的公司。

---

3 台積電於當年三月九日宣布與大股東飛利浦擬妥的釋股方案，在研擬過程中，不少私募基金有興趣承接飛利浦釋出的股票，但最後並未如願。

4 此為哈姆雷特台詞 The slings and arrows of outrageous fortune。

5 此句引自《冷戰諜魂》的書名：The spy who came in from the cold。

如果我現在才出社會，我是個化學工程博士，或許我會投入生物科技領域。我想這是美國年輕人未來的牌局，也會是台灣未來的牌局。

金：Morris，如果你當初未創辦台積電，而是當上德州儀器執行長？你會是個不同的執行長嗎？

張：我想不會有所不同。我這麼說，如果當年我成為德儀執行長，就不會創辦台積電了。傑克和我皆從企業基層做起，他一九六〇年進入奇異，於一九八一年成為執行長，在位二十年半，於二〇〇一年退休。我也幾乎有一樣的經歷，直到最後一步有所不同。傑克成功接任執行長，我卻沒能如願當上德儀執行長。從那時開始，我們的生涯就大為不同，我來到台灣，成立台積電，但這卻非我在德儀時的雄心壯志。

威：德儀（沒留住你）犯了大錯啊！

內定接班人該不該先告知？落選人該不該留？

金：最後，請教接班人的問題。在你們選擇了接班人後，會告訴他們嗎？

張：我覺得這是因人而異的問題。我並未擬定如奇異那般嚴謹的接班程序，當然，奇異公司的規模比我們大得多。我猜傑克應該主導擬定整套接班計畫。不過你提到接班人，也包括我的下一階，即營運長層級，過去二十年來，我曾經安排營運長接班人選多次，在那幾次案例中，有時我會告訴他們已被升官，有時不會，原因是我也在判斷，這些人聽聞後的反應是什麼。

威：OK，我擬定的奇異接班人計畫大約為時七至八年。最早，我們選擇出二十二人，其中六人被視為「最有可能接班組」，四人列為「明顯可能組」，還有十二人列為「觀望組」（long-shot）。前面六、七年，我們都在觀察他們如何依時空狀況改進自我，最後，有三個人出線，他們竟都來自「觀望組」。

我們並未告知這三人，但報紙皆已報導。決定人選前半年，我把他們請進辦公室，告訴他們三人：六個月後你們都將自現職被公司解聘，我希望你們與我合作，各自找到接班人，於是我們就任命了三位新的營運長，這完全是美式作風，或許不是中國作風。

最後，我再選擇其中一位，把他「炒魷魚晉升」（fire up）接任我的工作，其他兩人則被要求離職。這三人在最後半年中，其實都在準備「接班未成」的替代方案，因為我不希望其中兩人離開時，被視為失敗者，但我也不希望他們留在公司，在新執行長接手轉型時成為阻礙。我覺得很多接班計畫都在考慮「留人」，希望接班不成者仍能留在公司。但這些人就算留下，不僅工作士氣低，還會被同事視為落敗者，不如讓他們離開，在其他公司開枝散葉。

給未來領導人的建議？

金：對想要成為未來領導人的年輕世代，請兩位提供三項激勵他們的建議。

張：我想講的不止三個。第一，確認你的價值觀，我認為未來領導人的價值觀非常重要，例如剛才所言的誠信，很明顯就是價值觀之一。第二，確認你的目標，希望你的目標並不是無止境的追求金錢，就算是的話，你也要走不同的路。第三，在你的工作上展現最極致的能力。第四，學習比你職位高一階主管的工作，學習它，但不要對你的上司造成威脅。第五，培養團隊精神。

威：當第二位發言人真困難！我要講的有點長：永遠知道你自己，且安然面對自己，如果你是書呆子，就做個書呆子，不要改變自己。簡單講，就是做你自己。第二，永遠有好奇心，求知欲是上蒼賦予我們的天賦，發揮好奇心及永不滿足的求知欲，去了解四周的事物。第三，永遠交出更多成果，如果你老闆給你的作業只有這麼寬（用雙手比出約十公分距離），表示你老闆已經知道答案，他只是要你確認而已。你要做的，必須給一個這麼寬的答案（雙手拉大到約三十公分距離），讓你對研究的事物有新認知、新洞察給未來領導人的建議：第一，確認你的價值觀；第二，確認你的目標；第三，在你的工作上展現最極致的能力。第四，學習比你職位高一階主管的工作；第五，培養團隊精神。

（insights）。如此一來，你將成為你上司的求知來源，你會滿足他的好奇心。

最後，回想你在學校初任領導者的模式，通常是舉手回答問題，答對就會得到獎勵。踏入社會工作初期的領導角色，也是如此。但有天你升任為管理者，就再也不能只當「我」，而要學習當「我們」——時刻想到你的部屬。唯有在部屬創出佳績時，你能同享榮耀，並為他們的成就興奮且即時獎勵，你必須體認，只有建立更棒的團隊，你的事業生涯才能締造更好機會。

張：我要呼應傑克談到有關學習能力的部分。我非常贊同他所說，保持好奇心及持續學習的能量，是上蒼給我們的天賦。但人們必須善用這個天賦，我感到可惜的是，很多人卻放棄這個天賦。我想年輕人若是有志成為未來的領導人，他必須善用這個學習的天賦，且持續不斷的學習。離開校園步入社會，並不是學習的終點，正是學習的開始。

金：Morris，你在西方及台灣兩地居住時間都超過二十年，可否補充一下，哪些領導人特質是台灣本地年輕人需要特別加強的？

張：我覺得大部分特質是一樣的，但要談更細節的部分，與國外人士共事的能力在美國很平常，但在台灣卻非如此。主要問題在英語，英語在全球商業已是 Lingua Franca（通用語言），你要能自在的使用英語與全世界打交道。

這還不夠，對一些美國友人可能很難想像，就是我必須花比他們多兩倍的力氣、時間，來了解世界大勢。因我必須閱讀中文資訊，以掌握台灣現況，同時也要了解全世界發生的事，所以要閱讀英文，必須花兩倍時間閱讀，以掌握世界動態，這是為何我現在這麼老！（兩人同時大笑）

領導人如何轉化危機為良機？

金：沒有公司可以躲開危機，兩位如何面對並將危機經驗扭轉為提升公司的機會？

威：我想第一件事就是要面對現實，不能淡化處理、也不能隱瞞事實。要正面迎戰，要明白解釋給你的員工，告知處理計畫，並採取必要行動。一旦你處理這危機，即使過程充滿坎坷，但是經歷所有過程後，會讓你更強壯。最糟的事，就是去淡化、保密、不願面對，且無積極應變計畫。

張：我的工作任務之一，就是避免危機發生。我覺得領導人的角色之一，就是要感測危機與良機。預測危機，並趕快採取行動避免發生，預知良機，所以能善加利用。我覺得在我這職位表現上，已經建立一個感測「天線」以預知危機，也確實預先防範，避免許多危機發生。當然，危機還是會發生，這時我同意傑克所言，你必須面對事實，不能驚慌。

教父語錄

領導人的角色之一，就是要感測危機與良機。預測危機，並趕快採取行動避免發生，預知良機，所以能善加利用。

最糟糕的事，就是領導人在危機時驚惶失措。

金：兩位都有著脾氣較急躁的個性，你們覺得這是正面或負面的特質？

張：我？壞脾氣嗎？這問題讓我想到傑克稍早提到的一個詞：熱情。我對公司充滿熱情，對工作也是，所以，請不要將熱情與壞脾氣混為一談！（眾人大笑）

老實說，我在開會時偶爾會生氣，但是我盡量在發脾氣時還是要保持建設性。建設性與破壞性很不一樣，所謂破壞性就是打擊一個人，我盡量不做這種事。我發脾氣，常是因為我希望他們有所改進、但他們卻聽不進耳。

威：我同意這觀點。隨著年歲增長，我脾氣越來越好。對於發脾氣，我有個原則，千萬不要在員工的同儕面前指責他，我都在一對一談話時與他們討論。我想最糟的事情，就是落井下石，這是管理上最糟的事。（此時，張點頭：「我同意！」）事實上，在奇異，我們有句慣用語：「找出那些錦上添花或落井下石的人，通通槍斃！」（眾人笑）

（摘錄自《商業周刊》一〇〇八、一〇〇九期，20070315-22）

最壞發生時　也要輸得起

——經典專訪1▼如何面對不確定的時代

二〇〇八年全球金融風暴來襲，造成股市狂跌，經濟衰退，科技業紛紛以無薪假度過慘淡時期，一時之間面對不確定的時代，企業該以什麼態度因應？

當時《商業周刊》邀請四位國際級領袖，包含張忠謀、趨勢大師大前研一、IBM董事長帕米薩諾（Samuel J. Palmisano），與在次貸風暴中全身而退的美國保德信集團執行長史傳非（John Strangfeld），談他們的因應之道。張忠謀是第一個針對次貸風暴提出警告的企業家，他大幅刪減台積電二〇〇八年資本支出「過冬」。由本篇專訪可以看出張忠謀洞察時局的智慧與遠見。

當一個企業領導者，學會如何贏，難；但要學會與「輸」這個字共處，更難。而這，卻是台積電董事長張忠謀，因應多變環境時，最重要的心法之一。

二〇〇七年底，張忠謀領先同業，對次貸風暴的後續發展提出警告，並且大幅刪減台積電二〇〇八年的資本支出，以為緊接而來的寒冬儲備「糧食」。他也坦承：二〇〇八年以來金融風暴衝擊幅度之大，超乎其想像。

面對越來越不可知的未來，企業領導人到底該持什麼態度因應？張忠謀接受《商業周刊》專訪時直指，此時，領導人不僅要學會預測方向，還要能夠「輸得起」，在股東、員工與經營團隊都「輸得起」的範圍內，取得平衡。唯有輸得起，才不會被逆境一擊即潰，而能在順境來臨時，還有機會再起。

張忠謀用 hunker down（沉潛待發），形容企業領導人暫時蹲下，但隨時準備再起的姿態。在多變時代裡，勝利，往往留給能堅持到最後的人。以下是採訪整理：

只倒一家銀行　金融危機還沒到谷底

Q：您之前曾經將目前的經濟處境，以一齣戲形容，有三幕。第一幕是：金融危機，第二幕是經濟蕭條，第三幕是復甦。您可否談一下，我們現在處於什麼樣的處境？

A：我現在講，第一幕還沒有落幕，第二幕已經開啟。金融危機是我二〇〇七年十二月之前就知道，但是現在這麼厲害的程度，的確我並沒有預料到。

Q：我們都以為現在已經是最壞，不能再下去了？

A：怎麼會不能再下去？我問你，現在美國有幾個銀行倒掉？只有一個 Lehman Brothers（雷曼兄弟）倒掉，這樣怎麼算到谷底？我兩個禮拜以前在美國跟華爾街像是 J.P. Morgan（摩根大通）、Goldman Sachs（高盛）、Merrill Lynch（美林）的老闆談，還會更深，還會更厲害，還沒完，還沒有觸底！

美國國會現在要投資十二個銀行，拿二千五百億美元買他們的不良資產。可是做這個之後，不代表就解決了銀行的問題，像是最近的花旗銀行（Citibank）還是有問題，那還是要投入（錢），銀行可能不會倒，但是（政府）要花更多錢（救）。

Q：您目前看美國政府在解決這件事上，是 on the right track（在對的途徑上）嗎？

A：我覺得（美國政府）是手忙腳亂，他們不知道 right track 在哪裡，到現在為止還不知道。

大方向美國政府要救（銀行），我覺得是對的，一九三〇年代經濟大蕭條的教訓就是很多銀行倒閉，銀行如果倒掉，會引發社會恐慌，但現在要做什麼，政府怎麼救法？比如說買銀行股票？還是買銀行壞的 asset（不良資產）？到現在（美國政府）還沒定論。

Q：金融危機會拖很久？

A：拖很久，倒也許不會，可是這個東西還沒觸底。這需要等到最後的一個高潮。花旗（要求紓困增資），是最近的高潮，還不是最後的高潮。

拖到歐巴馬上任，這是滿有可能的。但經濟危機是不等他的，經濟危機是，公司缺錢不能還債，或是薪水付不出來，現在已經開始了啊。你看台灣 DRAM 產業，現在就是失業資遣已經開始。

需求萎縮時　要保護獲利率跟現金

Q：對個人跟企業領導者，碰到像現在的局勢，其實很多事情是不能預測的，您先前也提到 hunker down 這個概念，可不可以談一下？恐怕現在很多人面臨的情勢都非常險峻，這種態度是否能被用在所有人身上？

A：這要看你原本的姿態是怎樣，如果本來就很 hunker down，再 hunker down，也沒什麼用處。台積電本來滿 aggressive（積極），但是我就說，現在（需求）已經要開始萎縮了，姿態應該跟成長的時候很不一樣。

〇八年我們把資本支出減少，〇九年還會再減，但是R&D（研發）支出不減，那是我們未來的命脈，但是我們別的支出則盡可能降低，比方說放（無薪）假，主管出差坐飛機都要降一個艙等。這些動作無疑都在引導公司朝一個方向，在營收是負成長的情況下，要盡量保護獲利率跟手上的現金。

Q：現在許多企業即便努力調整，卻還是面對無法被預測的未來，領導人該如何領導組織前行？

A：確實很難準確的預測未來，但企業領導人有一個責任，去預測一個範圍內可能發生的事情（雙手比出寬度），他有這個責任，帶領企業朝他認為這個範圍裡，最可能的路走；但同時，他要能知道在這個範圍，所能發生最壞的情形，他輸得起、輸不起。

說得更清楚點，假如我的成長率可能性，也許是正五％到負五％，若我選擇正二％，那我的人力部署多少人，投資要多少資本支出，就是照成長二％規畫，但在做這些行動前，我也要想到，假如我照這二％找人，去做資本支出，但是假如（最後成長率只有）在負五％，這樣去支出（資本），我會怎樣，我是否會輸不起啊？

Q：就是，要準備輸？

A：在最壞發生時，也要輸得起。你不能說，我是這個領導人，我認為這個路是可能

教父語錄

企業領導人有責任，去預測一個範圍內可能發生的事情，帶領企業朝這個範圍裡，最可能的路走。

的，我就往這裡走，但是如果壞的發生時，我就輸不起了，不能夠這樣。

Q：這中間不能有點灰色地帶，或是僥倖的想法？

A：我剛跟你說，我在六個月，甚至三個月前，知道情況會變壞，但我也沒預料到情況會這麼壞。不過，我確實連比現在更壞的狀況，都預想到，也有辦法因應。以台積電而言，〇七年十二月，我料到會有問題，當時就減資本支出，我們〇七年資本支出是二十六億美元，〇七年十二月就決定把〇八年減到十八億美元左右。十八億美元是我當時認為最可能的方向，假如市場更壞，這十八億資本支出，台積電是可以承擔的。

Q：砍資本支出，讓自己更保守，不會有掙扎嗎？如果情況沒這麼差的話，同業持續擴產，競爭力可能就因此降低了？

A：這需要考量很多層面，就是競爭者會怎樣，沒有競爭者在裡面的策略，不是策略。事實上我可以告訴你，我們決定是〇七年底，但是〇八年一月底才公布，那之後，競爭者都紛紛也降低他們的資本支出。而這些都在預料之中。

Q：輸得起、輸不起，也有一套學問？

A：輸不起也要下定義，對有的公司而言，所謂的輸不起是公司破產；而對台積電而言，我們股票現在是四、五十元，假如股票跌到十元，那就是輸不起了。這個界線當然也需要判斷，關乎你到底願意承受的最壞結果為何。

Q：確認自己能不能輸得起，是在因應未知時代中，最難的事？

A：這並不容易，但最難的還在下面。（笑）每個人，輸得起的程度不同，我就要平衡這些。

所謂企業領導人，是公司治理的領導人。對公司有寄託的有各個不同的群體，其中一個群體是股東，他們的財富寄託在公司上，甚至收入也寄託在公司——他們期望得到股利。另外一個是經營管理階層，他們夜以繼日為公司嘔心瀝血。第三個群體，是董事會，這之外，還有員工、客戶、供應商，還有社會。

作為企業領導人，你要知道他們對整個範圍可能性的反應，對員工輸不起的（事），就是失去工作，這個就是跟對股東輸不起（的事）要平衡，對經營管理階層，輸不起的（事）就是被降級，或是失業。

董事會要幫助領導人來平衡這些。有個名詞叫 stakeholder[6]，因為對股東輸不起（的事），對員工輸不起（的事），都是不一樣的，企業領導人就要平衡這個。

教父語錄

我不是威權領導人，我是強勢領導人，任何時間，我認為強勢領導，比弱勢領導，甚至中性領導都還要好。

任何時間　強勢領導都比弱勢領導好

Q：做出平衡跟抉擇後，還有什麼難處？

A：如何領導團隊跟隨自己向目標邁進，這是最難的，這個比一個領導人要知道哪個方向是對的，更難。

Q：所以這個時候要強勢領導？

A：任何時候都該強勢領導。我老早就講過，以前就有人把「威權」跟「強勢」[7]搞混，我不是威權領導人，我是強勢領導人，任何時間，我認為強勢領導，比弱勢領導，甚至中性領導都還要好（笑）。

可是你要想，現在企業生態，你那個強勢領導，（若）人家不聽你的，就要說服他們，這個說服也有各種手段，不是只有辯論而已（笑），領導人也有個 leverage（槓桿手段），不是只有跟被領導人辯論的（方法）啦。

[6] 利害相關人，指受企業活動而影響其利害的企業內外部個人或團體。
[7] 威權與強勢有個很重要的差異，就是後者「常徵詢別人的意見」。

Q：所以這個時間點要更強勢嗎？因為變化會更快？

A：對，我想應該是這樣。

Q：現在我們身處這波金融風暴三幕劇的第二幕，能不能談談第三幕，也就是復甦。有什麼指標可觀察？

A：要等到信心恢復，有兩個很敏感的指標。第一就是大家又開始舊車換新車，汽車銷量又爬上去；再下一步，就是大家開始買房子。

Q：感覺會很久？

A：比較樂觀的人說（〇九年）第三季會有正的GDP（國內生產毛額）成長，比較悲觀的是〇九年都是負GDP，到一〇年才會是正的。馬總統說，台灣（二〇〇九年）第二季GDP會正成長，如果真的發生，就是比美國最樂觀的人還樂觀（笑）[8]。

Q：那您是樂觀一點，還是悲觀一點？

A：我對於美國GDP何時正成長，並不像他們說（〇九年）第三季會回來這麼樂觀，但是也不認同最悲觀的說法。現在，每天都有更多的人，把現今美國的狀況跟一九三〇年代的經濟大蕭條相比，我覺得這是太過悲觀了。

與一九三〇年代相較，現今的美國政府與人民對經濟學的了解相對好很多。一九四九

教父語錄

金融危機是希臘悲劇，因為序幕就是放縱的時代，所以接踵而來的，是不可避免的。

年，我到美國就讀大學一年級，好幾個同學都經過經濟大蕭條，從一九二九年到一九四九年，一、二十年的時間，他們對吃過的苦，仍有記憶。我現在看中國近代歷史，跟那時美國同學所經歷的苦，其實相差不遠。他們有人只有一條褲子，冷的天氣還是穿短褲，衣服髒得一塌糊塗，每天早上不知道晚上可以吃什麼。我記得有個美國同學對我說，他之所以會過這種苦日子，不是因為父母親太懶，而是因為銀行倒掉，父母為數不多的積蓄也泡湯了，也有的人是因為爸媽的股票大跌……我想當時他們沒有替最壞的情形做好準備。

經濟危機像希臘悲劇　總是重複上演

Q：最後可不可以談一下，您為什麼把經濟發展的階段性，用戲劇的三幕曲來談，這很有意思。

A：我一開始想，這是個希臘的悲劇。希臘悲劇最大的特徵是命運幾乎都已注定，任何角色想拚命去改變命運，都是不可能。這次我看金融危機，會直接反應，認為這是希臘悲劇，因為（這齣劇的）序幕就是放縱的時代，所以接踵而來的（悲劇），是不可避免

[8] 美國GDP於二〇〇九年第三季轉正，台灣於同年第四季恢復正成長。

的。我自己是對這個很有感覺的，很有，很有感受……這個希臘悲劇，雖然它是兩千多年以前（發生）的。可是人類在不同國家，不同時間，其實都是一直在裡面（重複）。

Q：類似的戲碼，不同的角色？

A：對的！

Q：所以之前的放縱，經過滿長的時間，後面整個 cycle（循環）又會怎麼演出？

A：現在房地產的泡沫算是消滅了，但集中在亞洲與中東的大筆儲蓄，都在找下一個泡沫與投資工具。

戲，以不同方式在重複，房地產泡沫為什麼起來，就是因為科技泡沫在二〇〇〇年消滅。二〇〇〇年時，台積電 ADR 的 PE（本益比）曾經到過一百多倍，英特爾的 market cap（市值），到過四千億美元。二〇〇一年（科技業）跌到谷底，幾乎馬上，房地產就起來了，所以失去了一個科技標的，增加一個房地產標的。

現在房地產泡沫消失了，投資人開始尋找下一個標的，這齣戲會繼續演下去。不過，現在我們希望這齣戲的第二幕不要走太久，因為等到這齣戲的復甦（戲碼）開始時，下一齣戲又準備開始了。

（摘錄自《商業周刊》一一〇二期．20090101）

別像留著別人屁股印的坐墊

——經典專訪2▼獨立思考的重要性

二〇〇五年，《商業周刊》以「思考，深思考」為題，進行當期封面故事的報導。張忠謀是台大管理學院教授湯明哲最推崇的思考者。我們很想知道，他的思考能力究竟是如何培養出來的？他如何將所學內化為自己的思想？他又如何從事這內在激烈，外在卻不可視的「活動」——苦思？

難得接受「非台積電議題」採訪的張忠謀，在此次專訪中暫且擺脫台積電重任的相關話題，以一個思考力的實踐者，暢談自己關於思考和學習的心法，一改平時的銳利，話鋒詼諧幽默，逸趣橫生。

張忠謀謙稱自己只是思考的實踐者，但其實他已建構出一套獨家的思考理論。且讓我們一窺他思考的堂奧。以下是張忠謀的口述摘要：

思考不能離開學習而單獨存在

思考，這方面我不是理論家，但我覺得我是一個實踐者。我可以把一個實踐者的經驗跟你們分享。

如何培養獨立思考的能力？我想思考不能離開學習而單獨存在。我曾在台大演講時說過：大學生應養成終身學習與獨立思考的能力與習慣。因為沒有獨立思考能力，終身學習的效率不會高；沒有終身學習的習慣，獨立思考將缺乏材料。

終身學習需要有計畫、有系統、有紀律的。以我自己為例，五十年工作的專業範疇，都是半導體，這個系統的學習，我是一輩子沒有停過；等我進入管理階層，我要學習財務報表、創造股東權益，這是另一個系統；回到台灣，以前對國內政經完全不了解，我計畫花兩年學習，結果我常半開玩笑說，我完全低估了所需要的時間。因為兩年以後，還是有很多不懂，甚至到現在，都還有很多不懂啊！（笑）

這樣有系統、有計畫、有紀律的終身學習，要跟獨立思考配合。

教父語錄

沒有獨立思考能力，終身學習的效率不會高；沒有終身學習的習慣，獨立思考將缺乏材料。

獨立思考，以我的經驗，還是自己養成出來的，但我絕不否認教育的影響力。我想，對我早期最有影響的，也許是在哈佛那一年的一位人文學教授。那時他已經五十歲左右，可是他講課的風度啊！是我一直非常仰慕的。

那門課是從古代的經典名著荷馬的《伊里亞德》開始，到中古時代米爾頓《失樂園》，再到莎士比亞的劇本，以原典反映當時社會。教授在講課的時候，總是會問我們：「他反映的社會是什麼狀況？可是別人也有不同看法，對照起來，真實的社會到底是怎麼樣？」

這就是我說的，學習跟獨立思考兩者合併起來，找到真理。這位教授真是最好的示範。他的能力、風度——旁徵博引，俯拾皆是；客觀處理史料、著作——使得我後來常常想到這位教授。

創新來自苦思或靈機產生的洞察

我相信教育也不是唯一的影響。科學跟工程，通常真理是很絕對的，老師跟你講的，你能獨立思考的空間不是很多（笑）。當然到了科學的最高層次，一定要獨立思考，如果不是獨立思考，一定不會拿到諾貝爾獎的（笑）。

但是在人文的領域：歷史、經濟、法律，獨立思考的空間非常大。總之，我養成一個習慣，除了自然定律我接受以外，我看一篇文章、聽別人一段話，自然而然會想：他講的話是不是有立場？他講的事實是不是有足夠的證據？他舉證的事實，難道就是全部的事實嗎？這並不需要停下來才想，而是隨讀隨想、隨聽隨思考。

我的學習，跟大師的談話也占滿大比率，例如跟葛林斯班、波特、季辛吉[9]。但即便跟他們談話，也仍然要保持獨立思考。他們說的，我認為大概是一半對（笑）。

要做到這樣，跟你的知識背景有關：有知識，你就會有自信——他們寫的書我都看過了，他的高深我都知道，那他還跟我神氣什麼呢（笑）？倒是我知道的他們還不太知道，他莫測我的高深呢（笑）！

我最近跟漢學家史景遷吃飯，談我最喜歡研究的清朝康、雍、乾三代。他是這方面的專家，寫了十幾本書，其中最厚的一本《*The Search for Modern China*》（《追尋現代中國》，時報出版），有一千頁。我放在床頭，每天看幾頁，花了十幾年看完。

但我認為三代的功績完全被高估，尤其是乾隆，那時正是歐洲、美國發生大事的時候：政治上美國、法國革命，經濟上英國工業革命。可是在這時候，乾隆不跟世界來往，一點都沒有世界觀哪！史景遷說，你不能以現代的價值來評估過去的人，你太過苛求。我

教父語錄

《邱吉爾傳》裡面有句話，描寫某一個軍官「像一個坐墊，永遠帶著最近、最新坐在他上面的屁股印子。」這就是沒有獨立思考很好的例子。

說，我是用現在的結果來評估。

你看康、雍、乾三代雖然強盛，但落後的因已經種在那裡了。從思想來說，湯瑪斯・傑弗遜[10]講自由、快樂的追求，尤其是快樂，真是很突破的觀念。難道乾隆有講快樂的追求嗎？沒有嘛！我們並不是製造槍炮、工業的落後，而是觀念，就從那時候開始落後了。

我最不解的，很多人今天看了這篇文章，就相信這篇文章；明天聽了那一段話，就相信那套理論。我記得看過《邱吉爾傳》，裡面有句話，描寫某一個軍官「像一個坐墊，永遠帶著最近、最新坐在他上面的屁股印子。」（呵呵笑）這就是沒有獨立思考很好的例子，你是一個墊子，永遠帶著坐在你上面的屁股印子。（笑）

美國教育的重點，放在要你自己思想。獨立思考假如養成習慣，對民主會有相當大的幫助。林肯說過的一句話，我覺得滿對的：**You can fool part of the people all the time, you can fool all the people part of the time, but you can't fool all of the people all the time.**（你可以長期欺騙一部分民眾，你可以短期欺騙所有民眾，但你無法長期欺騙所有

[9] Alan Greenspan，美國第十三任聯邦準備理事會主席，媒體譽為「經濟學家中的經濟學家」。Michael Porter，美國哈佛大學企管教授，提出「五力分析模型」，被譽為「競爭力大師」。Henry Alfred Kissinger，美國前國務卿，獲1973年諾貝爾和平獎。

[10] Thomas Jefferson，美國第三任總統，《美國獨立宣言》主要起草人。

的民眾。）台灣要民主，國民就一定需要有相當程度的獨立思考，不然就被牽著鼻子走，每個人身上，都有別人的「屁股印」。

對企業經營來說，其實獨立思考還不夠。企業需要創新，這需要苦思或靈機來產生洞察。以學問的金字塔來說，最底層是 raw data（資料）。我們大學教育，讓很多人可以把 raw data 組織成 information（資訊），information 上面是 knowledge（知識），這個過程，我認為需要經過個人的 internalize（內化），他才能夠說，這知識是我自己的，這個過程就是獨立思考。

每個人需要好幾個知識系統金字塔

一個知識系統是一個金字塔，你可能需要建立好幾個金字塔。例如半導體是很大的產業，受世界大國財經變化的影響很大，所以我需要好幾個金字塔，然後經過苦思，或是靈機一現，像電光一閃，才會有洞察。我覺得這是更高的一層，有了洞察，就有創新、發明。

我是常常陷入苦思，當有一個相當棘手的問題，你不知如何解決，你必須想一個辦法。就等於下棋一樣。你下一步棋，對手的反應可能有好幾種，他反應A你要怎麼做？他

教父語錄

下棋的最高手，是可以看到終局的；中等的，也至少能看好幾步。越能多想，決策的成功率會提高。

反應B你要怎麼做？他反應C，你又要怎麼做？你再下一步，他又有各種可能的反應。這是很複雜的分岔樹，假如你的腦筋實在轉不過來，可以一步步寫在紙上。但是依我個人的經驗，還是放在腦子裡想比較好。（笑）畫那麼多東西，反而會阻礙思考。

我們的對手不一定是敵人，環境也是你的大對手。在我們公司，我也常用這種問題，來測試同仁是不是想清楚了。他說，我們應該怎麼怎麼做，我就問他，假如有這個後果，你會怎麼樣？

有的同仁答得出來，有人就解決不了。答出來的，我會接著問下去。你知道，下棋的最高手，是可以看到終局的；中等的，也至少能看好幾步。我會勸同仁多想幾步，越能多想，決策的成功率會提高。

不過，很多時候苦思也沒有用。因為苦思以後，得到洞察，可是這個洞察，可能就是說：大環境沒有希望啊！（笑）並不表示，有洞察，就能解決問題。

苦思有沒有師父領進門的方法？我想沒有。如果有，我也可以做一個師父啊！可是我並不感覺我這師父做得很成功。（笑）真的啊！其實在台積電，好幾年我都在講思考，對二、三十個人講，假如有一個人的習慣改變，那我就認為是很成功了。

我也常常講演，下面有兩、三百人，我的心裡想，只要有其中的十個人聽了我的講演而改變了思考習慣，那我就會很高興了。沒有別的竅門，只有你真的相信這套東西能讓你更快樂一點，你才會照著做，進入思考的堂奧。

（摘錄自《商業周刊》九四三期．20051215）

好的道德，就是好的生意
——經典專訪3▼談台積電的誠信價值

二〇〇二年，美國企業安能破產、世界通訊爆發會計醜聞[11]，不相信商人的氣氛從太平洋彼端的美國感染到台灣。

當時《商業周刊》「台灣企業誠信度」調查顯示，有五成民眾認為，上市櫃公司的財務報表不可信，而被民眾選為最誠信企業家的，就是台積電董事長張忠謀。

在專訪中，張忠謀具體說明台積電如何把誠信落實在企業經營、用人，甚至長期獲利上。他深痛於誠信的淪喪，但在企業不被信任的黑暗期，他並不悲觀，始終相信「好的道德，就是好的生意」。

[11] 安能（Enron）曾是世界最大電力、天然氣以及電訊公司之一，然而二〇〇一年底爆發制度化、系統化的財務造假醜聞，終告破產。世界通訊集團（WorldCom Group）在一九九九年至二〇〇二年間，將稅前淨利灌水至少七十億美元。

「好的道德，也是好的生意！」張忠謀認為，企業擁有堅固的文化，即使經營遇到挫折，也不會倒下。經歷過美國八〇年代以前高度誠信的企業文化，張忠謀對於如今一連串企業弊案感到痛心，因為他是一路看著誠信慢慢降低，而貪婪則不斷增高。

身為台灣人最信任的企業家，張忠謀認為美國能發現問題還算不錯，而且只要能解決高階經理人的「股票選擇權」這一關，美國的問題至少解決掉一半。至於台灣，因為問題出現後總是被掃到地毯下，至少要花比美國多四、五層的力量才能解決。以下為專訪摘要：

Q：台積電的十大經營理念，第一條就是 integrity，它的重要性甚至高於創新，這是非常少有的堅持。一般會認為，創新能直接反映在企業獲利上，反觀 integrity 能反映在企業的價值和股價上嗎？

A：會、會！可是這不是我把 integrity 放在第一條最重要的原因。

Integrity 是文明社會最重要的 social fabric（社會結構），我覺得假如一個社會、國家、甚至整個世界喪失了 integrity 或是變弱了，整個社會的安居樂業會很難達到，再進一步也造成「經濟成長的極限」。

你剛問到現實面，我是第二才談到，因為過去的問題就是把現實面放在「最重要」。

教父語錄

也許短期當中你可以忽略 integrity，可是長期你還是吃虧的、整個社會都吃虧。這是我為什麼把 integrity 放在第一位的原因。

也許短期當中你可以忽略 integrity，可是長期你還是吃虧的、整個社會都吃虧。這是我為什麼把 integrity 放在第一位的原因。

社會的誠信降低了　貪婪卻在升高

Q：我的疑問是，是否因為 integrity 只能防弊而不能興利，所以多數企業的負責人現實的忽略它？

A：Integrity 是可以興利的，好的道德也是好的生意。例如對客戶的 integrity，就使得客戶對我們的忠誠度增加，當然有很多客戶是很現實，但即使他們很現實，但對我們的忠誠度還是因為 integrity 的講求。如果是因為我們價錢太高而離開的客戶，過了幾年環境改變了、價錢拉近了，他們也都會再回來，這在台積電有很多這樣的經驗。

談到「股價」，我絕對認為一個 integrity 的公司，股價會相對的好，尤其有經驗的投資人（指基金之類的法人投資者）也是滿看中這一點的。所以一家 integrity 的公司，往往它的投資評等也會比較好。所以談到現實面，integrity 無論是對客戶也好、對員工也好，也是有利的，不過現實面的有利往往是長期現象，也因為是長期現象，所以才會質疑 integrity 沒什麼好處。但最重要的還是在社會結構而不是現實面。

Q：您怎麼看最近這一連串大企業的弊案？癥結在哪裡？

A：我覺得這就是最基本的問題，也就是 integrity 喪失了。現在美國大部分的 CEO 都是四、五十歲的人，這一代整體的 integrity 的確是比二、三十年前來得低落。二、三十年前我在美國，當時因為大的企業是典範，小的企業也會學樣，integrity 的確是比現在高得多。二十年以來，其實我非常痛心，我是看它一步一步、慢慢、慢慢的在降低。貪婪卻在增高。最大的原因就是 stock option（股票選擇權）的氾濫。

美國《商業周刊》最近的統計，一九八〇年年收入最高的 CEO 艾科卡拿的是幾百萬美元，二〇〇〇年賺得最多的 CEO（甲骨文公司總裁艾利森）是七億六百萬美元。耶！差了一百倍！一九八〇年，前五十大企業的 CEO 平均薪資是一百萬美元，二〇〇〇年是一千萬美元，差十倍。在這種環境中，stock option 是要靠股價的，股價不高的話 stock option 等於是沒有價值，即使股價不高都有迂迴賺錢的辦法，總之股價高變成賺錢的唯一途徑。這是二十年來美國道德、價值觀的改變。

我不知道所謂的守住者有沒有過半。所謂守住者是雖然他們也拿了很多 stock option，可是他們不做假帳，不有意的膨脹盈餘。只是這種人越來越少。

教父語錄

我並不覺得成敗是最重要的衡量經營的標準。不要因為要失敗了，就不需要integrity，這是錯誤的觀念。

防堵假帳　法律只是最後一道防線

Q：難道沒有法律可管嗎？

A：美國要判決一個人必須由陪審團決定，陪審團是搞不懂的。我還算懂得一點會計的人，我看到這種帳，假如我花很多時間的話我會懂，但是陪審團的水準和對會計的了解遠不如我，就算是律師花兩個月的時間，我相信他們還是搞不懂。所以法律只是最後一道防線，如果唯一倚靠的只是那道防線，我認為是不對的。

Integrity 應該是第一道防線。第二道防線可以是基金經理人、股票分析師的談話，因為他們的決定顯現在投資行為上。法律是最後一道。

Q：企業經營得很好時，譬如台積電，當然有條件維持 integrity。但是很多時候企業都會面臨到一些財務困境，需要去遮蓋。這時候，時窮節乃見，企業執行長要挺住 integrity 就很不容易。

A：台積電的確是經營不錯，可是我還有一家世界先進，在那邊我也是堅持 integrity，所以我並不覺得成敗是最重要的衡量經營的標準。不要因為要失敗了，就不需要 integrity，這是錯誤的觀念。

我覺得 integrity 是人格問題，非但是我自己，對我認識的人，integrity 是第一個標準，一個人不符合 integrity，我絕對不會把它放在我的身邊；假如已經在我身邊了，我一定遲早會跟他脫離關係。因為沒有 integrity 對公司是危險，不但是對公司，它也許會為公司賺錢，但長期它是很大的危險。

Q：當一家公司的負責人已經成為英雄，譬如像您，在公司的發言已經一言九鼎。如果有什麼狀況，其他的同仁是很難敢質疑您？

A：我不像你說的這樣子……（笑），如果我的一言是合乎台積電的道德標準，那就會九鼎，假如不符合是不會九鼎的。這個就是公司文化，是非常重要的。如果沒有 integrity，我不會要他。

Q：您在台積電有處理過嗎？

A：有。

Q：就因為他的 integrity ？

A：對。

Q：是感覺，還是有證據？

A：不只是感覺，真正行動是要有實質的證據。不過，感覺讓你對他的行為更注意。

Q：很多企業都把 integrity 放在經營理念當中，但落實在企業文化當中，有很大的落差。大家都知道 integrity 很重要，可是不見得能讓他花這麼大的時間、成本去做。

A：這就是為什麼很多企業雖然嘴巴講，可是事實上沒辦法做到。我們是各方面都在做，例如採購拿回扣，你剛問我有沒有處理過，拿回扣這種東西我們處理不只一個 case，我們台積電講 integrity 一定要具體，這個是隨時都可以自己拿來做典範的。（他拿起台積電的經營理念小手冊唸述上面的文字）「對同業在合法範圍內全力競爭，但絕不惡意中傷，同時也尊重同業的智慧財產權。」

這些都是我自己寫的，我們高層的人都知道，非但知道，而且是看厭了⋯⋯（笑）。假如我說什麼話是不符合這個，我告訴你，絕對有人會說「不對呀，董事長這你自己講的。」我告訴你，我們資深副總職級是三十九、廠長是三十八、再下面一級是三十七，三十七以上總共有一百多個。要升到三十七級以上，第一條件就是 integrity。我們有一個委員會都是三十九級的人，他們每半年開會考慮升遷人的資格，第一個考慮就是 integrity。假如有一票（指委員會成員）覺得被考慮的人不符合 integrity，馬上就出局、不必考慮了！統統要通過 integrity 以後才考慮其他的條件。

Q：什麼時候有了這種改變？

A：六年前我們開始這樣做，本來我們是以比重來看，但是我突然有了一個洞察，不要把 integrity 放在比重上的其中一項，而把 integrity 當作先決條件。我到現在還覺得是很好的洞察，因為它就是最重要的。

Q：你看過的成功企業家，都具有 integrity 這個特質嗎？

A：這要看成功的定義。兩年以前，你認為 WorldCom 成功嗎？假如照通俗的成功定義，那我的 answer to your question 是「No」，我並不覺得他們有 integrity。我認為真正成功的公司是鳳毛麟角，真正成功的 CEO 他們會有。

好的董事會應設置審計、薪酬委員會

Q：你認為什麼樣算是真正成功的企業家？

A：長期永續經營、長期獲利率成長，也許不會非常高但比平均高，而且公司的 reputation（聲望）是很好的，不是暴發戶。我舉個例子，長期成功的公司，即使有好幾年的挫折，它還是可以回來的。像我做了二十五年的德州儀器，它的 integrity 一直沒有改變，可是它幾乎整個八〇年代不能說在商業上很成功，虧本啊等等。它的 integrity 即使在最壞的年代都沒有變。

不要把 integrity 放在比重上的其中一項，而把 integrity 當作先決條件，因為它就是最重要的。

Q：在您的生命經歷中，在 integrity 這件事情上，有沒有哪一個人或事情讓你留下深刻印象？

A：你要真正做一個成功公司的舵手，我認為還要有許多別的東西。我在德儀時的董事長海格底，我始終把他作為半生的典範，我認識他的時候已經三十幾歲了，一直到現在還覺得他是很好的典範，他有 integrity 又有別的能力，創新啦、生意眼啦，這種東西都需要才能永續經營。

Q：二〇〇一年標準普爾（S&P）針對亞太地區一百大企業進行「公司透明與揭露調查」，總分十分，評分在五分以上的有七十六家公司，台積電則只有四分。同時，台灣企業的平均得分數在亞洲國家中是最低的。您如何看待這個結果？

A：這個跟台灣的法令限制有關，我是很努力想怎麼樣能破除台灣的範疇。台灣的董事會絕大多數是橡皮圖章，也沒有所謂的 audit committee（審計委員會），證期會也不是那麼要求公司的透明度。我沒有仔細看這個 S&P 的調查，但我是看到別的調查裡頭，例如 CSFB（瑞士信貸第一波士頓）的調查，我們的「公司治理」是全亞洲第二名。

我了解 S&P，因為它看我們董事會沒有 audit committee，我們一直到最近才加了兩個獨立董事、一個獨立監察人，這種就是不太及格啦！S&P 的觀念是，所謂獨立董事至少要一半以上，而且是獨立於經營團隊、獨立於大股東，我覺得這是正確的觀念[12]。

不過我們還是沒有 audit commitee，因為它在台灣的法律沒有地位，稽核的地位被監察人占有。台灣的監察人等於是不做事，而且是獨立行事，好的制度監察人應該是集體，大家可以討論嘛！我覺得好的制度，應在董事會裡有個 audit commitee，薪酬委員會我覺得也應該有，我是在考慮我會做，雖然沒有法律的地位，可是我可以在公司裡面做，在公司裡面他有職權。

Q：您會在什麼時候進行？今年應該可以看得到？

A：（點頭）應該、應該（指 audit commitee）。

Q：專門研究「公司治理」的輔仁大學教授葉銀華針對這份調查，建議台積電的獨立董事應該占到三分之一。這個看法您同意嗎？

A：這個看法我也同意，但這個台灣的傳統啊，兩名真正獨立的董事已經是很好啦！（大笑）可是我會增加、我會增加。

Q：在台灣的企業環境裡，的確是很不容易。

A：這種事情還是要時間的啦！你只要想嘛，惠普創辦人的兒子，他是代表十幾個創辦人的唯一董事，可是他們的股權總共有一七%耶。假如是十二個人的董事會，在台灣的話，他至少能有三個董事，可能四個都不一定啊！這個是美國的習慣，S&P是從美國的觀念來看，我覺得在這一點是正確的。我們現在有兩個（獨立董事），這兩個已經是花了我幾年的努力了，不過它給我們四分，我覺得是「相當冷酷」！

股票選擇權費用化　假帳問題解決一半

Q：即便是美國公司治理這麼好的地方，還是一而再、再而三發生假帳弊案。正派經營這件事真的不容易。

A：我覺得不容易啊！不過，美國的問題，假如stock option能解決的話，我想做假帳這種問題解決至少一半。stock option的問題其實相當簡單，只要把stock option變成expense（費用），問題就解決了，當然這是很難的一步。很難的話，也可以求其次，不把它完全當做expense，可是限制stock option。

Q：台灣的問題可能沒有那麼簡單？

12 台積電董事會已於二〇〇二及〇三年設立審計委員會及薪酬委員會，皆由獨立董事擔任委員及主席。董事會之獨立董事已於二〇一一年超過董事席次一半。

A：（搖頭）沒有那麼簡單……台灣的問題沒那麼簡單，台灣的改革是複雜得多了。所以我才說，假如不改革的話，就有「成長的極限」。

Q：感覺很沉重。如果引進公司治理，就能解決台灣企業的問題嗎？

A：只解決問題的一部分。公司治理是制度的改革，除了這個以外，極限還有別的因素。我們以美國馬首是瞻，美國道德淪喪，我們也跟著。假如美國需要一層改革的話，我們至少需要四層、五層的改革。

Q：像您這麼注重公司治理，在台灣整個企業環境裡，會不會覺得有點 lonely？

A：有時候覺得有點 lonely，我永遠就是覺得（大笑）。lonely 不是很好的感覺，不過，總比失去自己的價值觀要好得多。

（摘錄自《商業周刊》七六五期．20020718）

獨立董事　占比六成

張忠謀持續增設台積電獨董的承諾果然沒有食言，二〇二一年時，已經來到六席，是上市公司之冠，持股股東則僅占四席。

台積電擁有優異的公司治理成績，不但連續二十一年入選道瓊永續世界指數成分股，在臺灣證券交易所的「公司治理評鑑」中，每年都位列前五%，更獲得相關國際獎項無數。二〇二三年二月，台積電董事會決議將「審計委員會」更名為「審計暨風險委員會」、「薪酬委員會」更名為「薪酬暨人才發展委員會」，並增設「提名及公司治理暨永續委員會」。顯示台積電的公司治理，將更完整且具前瞻性。

第三篇

授業

張教授十二堂星期三的課

一九九八年，張忠謀應邀在交通大學管理學院開設「經營管理專題」課程，將數十年的經驗轉為給企業人實戰的教材。經過嚴格審查，僅一百位學生通過修課資格，除了交大企管碩士學程（EMBA）的四十位學生，還包括台大、清大、交大三校博士班研究生及科學園區高階經理人。

課堂上，張忠謀很重視大家的出席情形。他認為這門課其實也是高階主管日常

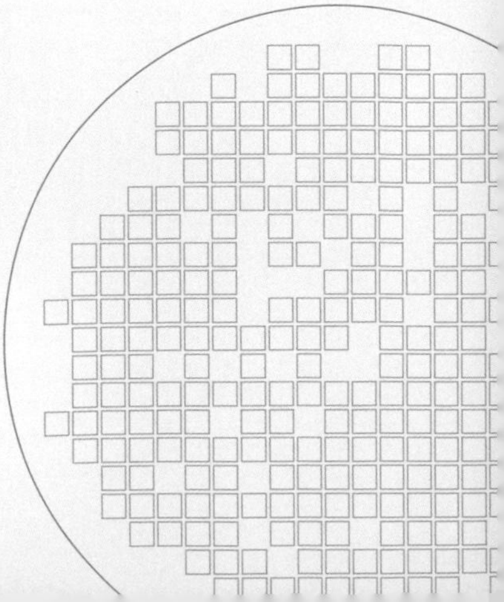

生活的一部分，更是企業文化的一環，所以上課時，張忠謀偶爾會點名，不但鼓勵主管發問，而且還會「反問」問題。

雖然「張教授」的上課氣氛很輕鬆，不過，別以為這門課「好混」。他在第一次上課就開出了二十篇閱讀論文清單，一位交大學生形容，上張忠謀的課真的有些壓力，完全不能馬虎，否則一不小心成為台灣第一位被教父當掉的學生，可能不太好受。

從一九九八年九月起到九九年一月，張教授從台積電經營實戰、半導體產業發展，講到世界經濟局勢，中間穿插了個人對時事的點評，也透露許多個人心境的轉折。《商業周刊》記者全程隨班上課，並分享我們的「上課筆記」於雜誌中。

這十二堂課不僅完整描繪出張忠謀對企業領導和公司治理的理念，對照他領導台積電三十年的作為，會發現張忠謀「吾道一以貫之」的堅定信念，以及把理念具體落實的深耕不懈，也是一份難得的世界級企業經營者實戰筆記。

第1講　願景、文化與策略

——企業最重要的三大根基

第一堂課張忠謀以「世界級企業」大格局破題，前半段先是引用多年好友英特爾總裁葛洛夫提出的概念，並加以發揚，他也舉例比較南韓與台灣半導體公司由於財務結構的不同，因應不同的景氣好壞，會造成不同的優劣勢及後果。

課程後半段，張教授著重在「企業願景」的重要性，並在最後提到如何塑造健康的「企業文化」。以下是《商業周刊》這堂課的「上課筆記」：

技術提供者 VS. 最終客戶提供者

在上課之前，張忠謀先向同學們道歉說，他在台積電講課時也完全沒有準備，但是每個題目都會想很久，也覺得有很多事可以說，相信台積電員工應該還算滿意。不過，仍有很多東西是第一次講，所以有些順序上可能比較沒有系統，請大家原諒。

首先他提到英特爾董事長葛洛夫的話，英特爾現在是世界第一大半導體公司，葛洛夫是創始人之一，雖然比起兩位創辦人要晚一輩，但英特爾能有現在的成就，葛洛夫的貢獻很大。

葛洛夫今年（一九九八）四月來台灣訪問時，張忠謀在報紙上看見他講的話：台灣的高科技產業應該做一個選擇，究竟是要做「技術提供者」（technology provider），還是「最終客戶提供者」（end-consumer provider）？張忠謀覺得很值得我們思考，看過報紙後，張忠謀覺得他知道他在講什麼，畢竟他們兩人已經認識多年。

什麼是「技術提供者」？像是台灣的PC工業（個人電腦工業），以主機板為例，它具有一定的技術，有了技術，可以做出產品或服務，再與下游的產品製造業結合，或透過OEM（委託生產），最後把產品送到消費者手中。以晶圓代工廠為例則是提供服務，再交給半導體公司、電腦公司等，最後才把產品交到最終客戶手中。

但什麼是「最終客戶提供者」？這個意思很深，我們必須倒過來想想，客戶的需求是什麼？也就是說，「我們不要只從技術如何發展著手，而是思考最終客戶需要什麼，」客戶需求訊息傳達至技術發展部門後，技術發展部門可以依照最終客戶的需求來發展技術。

葛洛夫的這種想法，也就是同學以後會常常聽他提起的「世界級公司」的想法，「從最終客戶的需求開始找技術，你的視野會變得很寬。」他說，英特爾與微軟公司是現在全球資訊科技最有主導權的公司，他們花了很多時間研究思考如何成為「最終客戶提供者」，當然現在是兩方面同時做，可是他們花很多時間構思策略方向，廣泛的併購、投資，希望讓許多適合最終客戶的技術可以整合，像是現在的多媒體、視訊會議、遠端教育等都是最新的應用趨勢。

現在全球資訊產業不景氣，主要因為PC的應用已經相當飽和，如果沒有新的應用出現，PC產業的成長率會再趨低。事實上，今年已經如此，全球PC產業以量而言成長約一一%至一二%，如果把價錢算進去，成長可說是「零」，因為平均價格低一〇%左右。

張忠謀解釋，當然今年有一些比較複雜的原因，例如亞洲金融風暴造成市場萎縮，即使除去這些因素，成長率仍比較低，主要的因素還是應用的趨勢已經飽和。葛洛夫決定辭

教父語錄

我們不要只從技術如何發展著手，而是思考最終客戶需要什麼。
從最終客戶的需求開始找技術，你的視野會變得很寬。

去英特爾執行長，專任董事長，日常工作都交給接班人，他要專心思考這些問題，他還在英特爾內部成立專門研究如何成為「最終客戶提供者」的部門。葛洛夫四月份在台灣報紙上說的話，應是對我們說：「台灣以PC為主，命運成果與PC產業有關，應幫忙擴展PC應用層面。」

葛洛夫同時又說：「不要絞盡腦汁把產品都搞成兩百元（美元）。」台灣業者最擅於做價錢低的產品，如果真有人要買兩百元的東西，台灣就會想辦法做出來，但不要老是在想這些縮成兩百元的事，而應該想法子拓展應用，這樣子市場需求才會跟著變大。這是比較長遠的工作，但英特爾已做了至少三年，除了自己做，也投資或收購別的公司，只要有新的應用可能出現。

張忠謀看到葛洛夫在報上發表言論後的第二天，兩人見了面，張忠謀特地問他講的話是不是這個意思，他說：「對啊！大家應幫忙拓展PC市場，如果不拓展，影響力只會越來越低。」

企業財務結構不同　台韓各具優劣勢

第二個題目張忠謀以台灣與南韓公司為例，主要的不同在於財務結構。台灣企業之中，股東權益大約是六毛五，其他三毛五是貸款。南韓的比重卻相反，股東權益大約只有兩毛，貸款大約八毛，這還算客氣，通常約是一毛五比八毛五。

張忠謀解釋，一般而言，股東權益可以直接向股東募集，但募股太多次，股東並不歡迎，因為會降低股票的價值，所以股東權益的增加大多來自盈餘轉增資，賺來的錢不發現金紅利給股東，而以股票紅利取代，主要仍存在公司，使股東權益越來越大。

以生產DRAM的晶圓廠而言，一塊錢的資本約可做兩塊錢的生意，要想增加營收必須擴張企業規模，也就是增加公司資產。如果企業想要擴張二〇%的規模，等於一元的資本額要增加二毛，以上述比率分攤到股東權益及銀行借貸，台灣股東的資本必須增加一點三毛，再向銀行借零點七毛。韓國的股東需再投入零點四毛，向銀行借一點六毛。

由於台灣企業在股東權益的比率較高，必須比韓國企業有更多盈餘才能達成擴廠的目標。先前說過，如果一直要股東拿錢是不受歡迎的，必須由盈餘轉增資，在台灣，如果要增加一點三毛的投資，通常得在兩塊錢的生意裡先賺一點三毛，景氣好的時候並不是問題，可以如期擴張二〇%；但南韓企業在兩塊錢的生意裡只要賺零點四毛，即可擴張二〇%，他們不必賺什麼錢就可以不負責任地擴展。

另外，還要注意向銀行借貸的利息成本支出，同樣以年利率五%計算，台灣企業的利息支出是零點一七五毛，韓國則必須支付零點四毛。假設獲利率為一〇%，台灣及南韓公司的利潤都是兩毛，扣除利息成本，台灣的淨收入是一點八二五毛，韓國則是一點六毛。

如果把全部的盈餘轉增資，大約可以擴張三〇%（因為賺一點三毛可擴張二〇%，賺一點八二五毛則大約可擴張三〇%），韓國企業因為股東權益比率小，大約可以擴張八〇%的規模（因為賺零點四毛可擴張二〇%，賺一點六毛則可擴張八〇%）。因此在景氣好時，南韓企業規模的擴張速度會比台灣快，雖然我們都知道這樣不好，但偶爾還是會羨慕南韓。

不過，景氣不好時，韓國企業就完蛋了。例如，最近幾年半導體產業景氣低迷，客氣講，假設公司不賺錢，獲利率等於零，台灣公司扣除利息成本是賠零點一七五毛，虧損部分必須從股東權益補貼，台灣公司的股東權益為七毛八（六毛五加一毛三），張忠謀說，我們可以創造一個新名詞——「資本燃燒」（capital burn），台灣公司的資本可「燃燒」四十四點六年，將近四十五年。

同理，南韓公司在獲利率為零時，仍要支付零點四毛的利息成本，股東權益只有二點四毛（二毛加零點四毛），企業資本只能「燃燒」六年。若獲利率變成「負一〇%」，台灣企業的資本燃燒大約三年，韓國企業則只能活一年。

他說，這絕對不是極端的例子，而是目前的事實。此時韓國企業為了支應利息，除了繼續向銀行借錢，只能靠自國外引進資金，獲利一下消失，這也是泡沫經濟造成的原因之一。以公司的經營而言，南韓的公司型態並不穩定，除非銀行願意繼續借錢，甚至再讓你擴張二〇%。

事實上，韓國政府正在如此做，因為他們不能讓三星、現代等大集團倒閉，因此政府要求銀行繼續借錢，使得南韓公司的確高枕無憂，但卻演變成整個經濟體制的扭曲，最後銀行也沒錢了，錢只好來自國家外匯及國民儲蓄，或向外國銀行貸款，造成南韓外債很高，直到銀行倒閉，這是骨牌效應。

張忠謀指出，台灣企業的遊戲規則與歐美先進國家一樣，但韓國的「球場」總是比較高，如果南韓可趁此次危機把「球場」整得跟大家一樣平，倒是好事，目前雖然有點改變，但沒有太大改變，戲仍在上演。

世界級公司的基礎　願景、價值觀與策略

今天張忠謀談的另一個主題是世界級公司的 vision（願景）。張忠謀說，在他的印象中，如果談到願景，美國的「獨立宣言」是很好的範例，雖然是兩百多年前寫的，但它的

遠見迄今仍值得敬佩，例如，最近三十年大家越來越強調追求自主與自由，早都已經記載在「獨立宣言」裡。

「獨立宣言」用一、兩句話就可以完全點出美國的國家目標，正是企業願景該學習的，願景應該是很短的話，而不是把整本三民主義都放上去。以美國為例，羅斯福總統致力建立社會福利制度，但沒有談願景，艾森豪總統則是最後一個不談願景，仍可得民眾愛戴的總統。

張忠謀接著說，從甘迺迪總統之後，美國每一位總統都必須談願景，甘迺迪的就職宣言與「獨立宣言」一樣，都是談願景而且文情並茂的好文章。雷根總統未來在歷史評價上應該會被認定為平均以上的總統，他的信仰非常簡單但堅定——反共，用一句話讓全國民眾有共同的目標。布希總統開始時不覺得願景的重要性，直到情形變得很糟，才創造出一個願景，但已經來不及，大家已經把他當成「沒有願景的總統」。現在的柯林頓總統也有很多的願景。

從國家到企業也是一樣。幾十年前，企業也沒有所謂的「願景」，企業領導者沒有願景也可以做得很好，現在則很需要，企業領導人必須要清楚地知道公司的目標，否則被員工問到而答不出來的時候，大家會覺得公司沒有目標。

他舉例，ＩＢＭ幾年前曾面臨「向內爆發」（inplore，相對於 explore）的問題，公司內部與員工有很大的問題，當時接任的總裁葛斯納對媒體侃侃而談時說：「現在的ＩＢＭ最不需要願景。」刊登在報紙上之後，被很多評論員和股票分析師群起攻之，認為他看不起「願景」的觀念，後來葛斯納公開認錯道歉，一、兩個月後，他也拿出ＩＢＭ的願景。後來他越做越好，ＩＢＭ今日的成就他有很大的貢獻，應該與他提出的願景有關。

不過，張忠謀坦承，在企業實際經營上，願景真的有用，但也不是那麼重要。「真正的重點在於全體員工能否認同，如果員工都認為重要，它自然也變得重要，這是第一個重點；但有願景後，是否因此改變員工的行為，這是第二個重點，若執行者很賣力，願景才會變得重要。」

因此，一家公司的總裁或負責人不妨可以想想，找出一個高層次的，可以讓員工視為長遠的目標，至少是十年、二十年可達到的目標。他接著強調，願景應該把員工心中的目標更提高一層，是比較深遠的，每個人都有高層與低層的興趣，但一家公司不要把願景弄成「大家發財」，如此便沒有提升的作用。

在張忠謀的心目中，一家公司應該有三件最重要的基礎，「除了企業願景，其次是公司價值觀（也就是企業文化），至少是三、四十年，甚至更久可以不改的；第三是公司策

教父語錄

一家公司應該有三件最重要的基礎，除了企業願景，其次是公司價值觀（也就是企業文化）；第三是公司策略。

略，時間可以比願景短一點，但也不能每年在改，一個不錯的策略應該可以五年不改。」

他又說，企業文化是公司最重要的基礎，他會用以下的話形容它：「如果一家公司有很好、很健康的企業文化，即使它遭遇挫折，也會很快地再起來；如果沒有很穩固的企業文化，一旦遇到同樣的挫折，便不會再起來。」

張忠謀又舉實例，第一是他服務二十五年的德州儀器公司，它有堅固的企業文化，雖然中間曾有十年的時間，可以說是一蹶不振，但它的企業文化仍凝聚一個團隊，同樣一批人在十年後仍慢慢起來，雖然沒有回復當年威風，但仍是一個重要而有實力的公司，堅固、健康的企業文化應該是一大功臣。惠普也是經過好幾個挫折，但每次仍會再振作。

但是另一個例子——王安電腦，沒有很強的企業文化，結果真的一蹶不振，再也沒有起來。什麼是「企業文化」？張忠謀指出，最重要的角色是創辦人，而非總裁。例如惠普、德儀、IBM的企業文化都是創辦人建立的，即使他們成功後過世，他的訃文一定會記載創辦了公司，而他最大的成就是建立了該公司的企業文化，並持續至今，才使得公司成功。

總裁的任務是延續企業文化。他提醒在座學生，如果將來有機會創辦公司，千萬別忘了企業文化，而不要一開始就忙著找客戶、急著上市，如果這麼做，將來的訃文不會有影響力。在台積電裡，張忠謀的用人條件之一就是，高階主管一定要認同台積電的企業文化，他認為，如果有個能力很高、但不認同台積電企業文化的人，這種人遲早會變成問題。而企業文化也一定要有相當的包容性，大家才能認同。

（摘錄自《商業周刊》五六七期．19981001）

第2講 觀察、學習、思考與嘗試

——經理人應該培養的終身習慣

這堂課張忠謀先以觀念破題。他說，這一系列的課程要推銷什麼呢？他要介紹的是企業管理的理念，企業管理是一門活的學問，不像物理或工程，學會之後可以解決問題。但是經營管理沒有一套東西可以傳授給同學應用，這個學問常常在變，不過是慢慢的變。

例如二十世紀以來，企業管理最初是一種時間研究（time study），最近五十年又先後談到中央集權（centralize）、地方分權（decentralize），七〇年代也開始對日本的管理制度進行研究，認為團隊精神（team approach）很重要。其實每一個組織都有不同的模式，不是中央集權、地方分權、或團隊組織一種就可以適用在每個企業中。

透過觀察和閱讀來學習　思考猶為重要

張忠謀談起，現在企業在做決策時，由大家來參與再決定的方式，被認為是很好的民主制度，但是管理學大師彼得・杜拉克[13]就質疑，比如說一艘船快要沉了，船長還要開會尋求解決方案嗎？這樣好嗎？他要直接下命令要大家做這個做那個嘛。所以說，經營管理在各種情況下都不能使用同一套辦法，也不是在同一公司內都可使用一套辦法。

他比喻，這就好像我們學習知識，不是有人拿著湯匙一瓢一瓢地餵你們吃，「我現在想做的事情，是要培養你們觀察、學習、思考、嘗試的習慣，而這也是一位經營管理者終身所追求的事情。在這堂課一百個學生中，要是能有十個、十五個學生養成這些習慣，我會很高興。」

張忠謀說，同學們可能會覺得他的講課海闊天空、天馬行空，似乎與經營管理沒有關係。但由於從事經營管理這三十多年來，他的興趣很廣泛，包括政治、經濟、文化等方面，其實這些都是經營管理之學，需要隨時自我革新。他很希望大家能養成思考的習慣，想、想、想，IBM喊出think的口號是很有道理的。他提到，葛洛夫建議我們要做終端消費需求的提供者，講到韓國的過度投資，美國人為了保護自己的市場，反制的方法就是提出反傾銷法，如果我們的市場夠大，也可以告韓國人傾銷。

另外還講到柯林頓事件[14]，這些事情身為經營管理都要有所瞭解，例如柯林頓的新聞，初想好像與經營管理沒有關係，其實這是人的價值觀改變的里程碑，無論事件未來如何演變，造成社會價值觀改變的里程碑是很確定的。

他回憶，在他求學階段中，修讀的課程大部分都是理工科目，但是令他印象最深刻的，是大一在哈佛大學的選修人文學（Humanity）的老師。他修這門課很辛苦，一個十八歲剛從香港、從中國到美國念書的學生，英文並不很好，第一堂課介紹荷馬的《伊里亞德》史詩，這個作品就像中國的詩經，想想一個外國人懂一些中文，就要去念詩經是多麼困難。他在伊里亞德之後，還要念羅馬詩、米爾頓的《失樂園》、《格列佛遊記》等等。老師從西元前四、五百年前希臘文化開始講起，這些都是西洋文化變遷中各個時代的代表作，這位教授的相貌現在還深深印刻在張忠謀眼前。他講課很瀟灑且天馬行空，對二千多年西洋文化的變遷俯拾皆是，毫不費力好像在囊中取物一樣。這個人文學的教授就是活學

[13] Peter Ferdinand Drucker（1909-2005），現代管理學之父。著作無數，提出目標管理、顧客導向等觀念，創造「知識工作者」一詞，同時預測知識經濟時代的到來。

[14] 指時任美國總統柯林頓（Bill Clinton）與白宮女實習生李汶斯基 (Monica Lewinsky) 的性醜聞事件。

的人，而經營管理也是一門活學。

張忠謀希望，這門課最重要就是能啟發同學的智慧生活。所謂的思考步驟，就是指觀察、閱讀、學習及思考，以他自己的習慣，觀察的功夫用在工作上大概占三分之二，工作以外事物的觀察占三分之一，至於與工作有關的閱讀占五分之一，工作以外、也就是公餘之暇的閱讀占五分之四。他說，「學習是觀察加上閱讀的結果，至於思考是最重要的，」有關工作上的思考在他生活中只占一小部分，他的大部分思考是在工作以外。而「我所謂一個世界級的企業，就是一直在學習思考的企業。」

台積電十大經營理念

張忠謀談到，在一九九六年時，他為台積電設定的願景是「以我們的管理原則為基礎，成為世上首屈一指的虛擬晶圓廠」，到了最近，他又為台積電設立新的願景，就是「要做世界上最有聲譽、最服務導向的專業晶圓代工廠，對客戶提供全面的整體利益，因此也贏得最高獲利的公司」。

談到企業文化，在台積電有很多主管從國外大公司回來。張忠謀曾經在台積電講課時，問他們以前在這些大公司內有哪些企業文化的特點，他們的看法是：ＩＢＭ尊重個

教父語錄

一個世界級的企業，就是一直在學習思考的企業。

人、追求卓越、深思後再行動；惠普則是尊重個人、人性導向、興業家精神；英特爾為結果導向、建設性的矛盾、追求卓越，及一視平等、紀律，其中建設性矛盾是英特爾有名的文化；德儀則是誠信及實際成效導向。

以前張忠謀在德儀時，有一位很能幹的同事是行銷的經理，他後來到英特爾工作，他們到現在還是好朋友，德儀也是一家很有「建設性矛盾」企業文化的公司。他告訴張忠謀，他到英特爾以後幾個月，最大的驚訝就是，英特爾在開會時的討論，比在德儀時更熱烈。有一次他的朋友召集下屬針對一個大問題開會，他大概花了十到十五分鐘，告訴同事要這樣做那樣做，當他講話時沒有人發言打斷他講話，但是等他講完了以後，大概有十到二十秒的靜默，就有一個下屬說：「Jack, you are full of shit.」（傑克，你滿嘴屁話）他這朋友當場非常震驚，可是後來他發現，這種文化在英特爾內非常普遍，不管是下對上、上對下、或是同級之間，都是這樣的，但是他們的爭論是建設性的而不是人身攻擊。

英特爾在紀律上也很著名。到現在他們上班還是要簽到，在停車位上也沒有設主管停車位，來得晚的人就要停到比較遠的地方。

講到公司的企業文化，張忠謀在台積電曾列出十大經營理念，內容大致有：堅持職業道德、專注於晶圓代工本業、國際化放眼全世界、追求永續經營、客戶為我們的伙伴、品質是我們的原則、鼓勵創新、營造有挑戰性及樂趣的工作環境、開放式管理及兼顧員工及股東權利並盡力回饋社會。

張忠謀說，在台積電要升遷主管的時候，除了要看他們的 track record（過往紀錄）以外，也要看他是否真的認同並落實公司的經營理念。

流體型組織　可互相參與的開放環境

接著講到組織。張忠謀指出，一般的企業組織在成長以後會形成金字塔式的結構，這種結構的缺點，是在由基層傳達訊息至高層時，要經過好幾個層級，當最高層聽到時，時間已經拖了很晚，訊息內容也只剩十分之一。現在有了 e-mail，訊息傳達的效果或許會改善一點。金字塔式組織還有一個缺點，就是在台灣常看到三個人就有一個人當主管，這個主管附加價值很低，一個企業的層級越多，主管的附加價值也就越低。

而張忠謀這二十年來喜歡採用扁平化組織，經常是十幾個人向一個人報告。還有一種張忠謀所謂「流體型組織」，就是同層級的人可以管別人的事。這種互相參與的管理，可以建立開放的「建設性矛盾」環境，很多問題都可以在同一層級之間解決，總經理最好不要管太多事，要多花時間用在思考未來上。如果一個組織裡的每件事都要報告上司才能獲

教父語錄

我認為公司董事長要花 75％的時間思考未來，總經理也要有 50％，同層級主管的工作可以互相替代。

得解決，會浪費很多時間。

「我認為一個公司的董事長要花七五％的時間思考未來，總經理也要有五〇％的時間在這方面，同層級主管的工作可以互相替代。」他強調，這個不是理論，而是已經有成功案例，例如他過去在德儀時，大家同仇敵愾很合作，有五年的時間是這樣的氣氛，他相信這種流體型組織能夠實行成功的話，在管理上效果會很好。

（摘錄自《商業周刊》五六八期，19981008）

第3講　拉掉不必要的層級

——金字塔組織與流體型組織

第二堂課中，張忠謀談到「流體型組織」的概念，其中講到組織通常是金字塔型。他說，在大公司裡通常七層是很明顯的，有的公司還有工人、作業員，加起來可以到十層，或許有一些特別的 task force（任務編組），不過七到十層是一般人在成立組織時可以想到的範圍。

他也講到這種組織中消息的流通從上到下很慢。這堂課延續這個主題，做了更多闡述。

員工都該自問：我的附加價值在哪裡？

張忠謀提到，在「流體型組織」中，例如在總經理以下，有工程、研發、行銷、生產等不同部門的副總，這些副總們在開放性的環境下互相管理。總經理應該鼓勵他們、要求他們去管理、干涉別人的事，個人自掃門前雪是很不健康的態度。張忠謀說，現在台積電副總經理級，有六〇%到七〇%左右就是這樣的管理，這樣一來，公司的主要人員才可以互相替換。世界級的公司要專業到一個程度，尤其是副總階層，真正要找博士或諾貝爾獎擔任的職位很少，高條件的通才是可以不僅只做一個職務，副總階層是總經理很寶貴的資產，可互相替代，才不會讓總經理被掐住，萬一有人離開，他的職位很容易被替代。

例如在台積電，去年（一九九七年）總經理走掉了，張忠謀代替他就是很容易的事。在他走掉前，台積電早就是流體型的管理。張忠謀在德州儀器二十五年，其中有一個階段是黃金階段，就是以流體型組織管理，他認為很成功，熱忱推薦給企業經理人。

張忠謀舉例說明。假使有個作業員手臂燒傷，在上位的人可能完全不知道，除非這個人死掉，才會報告到上層去。如果只是小傷，可能領班就處理掉，或許會呈報至經理，經理想一想往往就不向上報告。這些都是一層層的 filter（濾網），像濾網一樣層層過濾，所以常常在上位者得到消息最慢。

張忠謀覺得資訊社會的最大突破，應該是 **Xerox**（影印機）的發明。張忠謀自認為是過來人，以前他念書時，曾經靠打字製作公文備忘錄賺零用錢，那種 **carbon copy**（複寫紙）的紙張用橡皮擦修正很難看，可以說多做一份複件就多一份麻煩。那時資訊流通很不順暢，所以 **Xerox** 出現真是一大幫助。張忠謀說，經理要將訊息報告給主管或是同層級，現在只要用影印機就可以，但是有 **e-mail** 更好，最高主管如果願意的話，可以看到下層的 **e-mail**，不過那是指偷看。張忠謀有個朋友晚上就在看下層寫來寫去的 **e-mail**。但像張忠謀這樣的人畢竟很少，現在（一九九八年）台灣絕大部分的企業總經理都不會用 PC 或是 **e-mail**，組織內訊息過濾的情形依然存在。

再來，張忠謀講到金字塔組織的第二個缺點，就是每級主管的附帶價值。他表示，每個員工都要經常自問：我的附加價值在哪裡？這與組織有關，很多公司裡，中層主管有時是酬庸的工具，為了他以前的功勞，加上年紀也大了，就給他一個位置，但是他的附加價值在哪？張忠謀認為如果他底下的人可以善盡職責，為何要有一個人來管他們？（當年）即使在很好的公司，還是有一個人底下只管二個人的情況，台積電就是其中之一。

張忠謀問，這些主管的附加價值在哪？聽到的答案是：「這個人很有潛力，可是經驗較淺，所以要找個人暫時幫他」，可是會幫多久呢？答案是「一年差不多」；一年以後這個幫忙的主管調哪呢？是不是沒有空缺就留在原位呢？所以最初的「暫時幫忙」只是藉口，常常就成為永久的組織。張忠謀說：「現在常常講的 re-engineering（組織再造），就是把不需要的位置去掉，這是一個金礦。」

一個主管管七到八位部屬最理想

組織層級多，一個人只管兩、三個人，不是訓練員工的好方法。張忠謀認為理想的方式，是好比有十個人都學會游泳，但還沒實際游過長距離，他就會把他們丟到海裡去，讓他們自己游一公里，但是旁邊要有救生員坐快艇巡邏，看到有人快淹死了再去救。他不要找善於游泳的人在旁邊陪他，抓著他的手帶他游。張忠謀說，訓練員工最好的方法，就是給他事情，也同時給他責任。理想的狀況一個主管大概管七、八個員工，這個主管就好比那坐著快艇的救生員。

張忠謀說，這種組織再造，把不需要的 layer（層級）弄掉，就好像家裡要常常清掃一樣，不是清一次就一勞永逸，而是每一年都要清。有些大公司在快速成長期發現組織層級增加太多，一下增加到十層，董事會就指示要減少至五層，他就聽到好幾次成功的例

教父語錄

Re-engineering（組織再造）就是把不需要的位置去掉，這是一個金礦。

子。其實大公司要減到五層難於上青天，有時很勉強地做成，過一陣子又加一個人，一年之後又是六、七層。

一個主管大概要管七、八人，但即使管七、八個人，除了監督外還有什麼責任呢？難道他只負行政管理的責任嗎？普通一個營運的組織中，如一個人只能負監督管理的責任，那他的附加價值也很少。一個主管的價值還包括為管理的七、八個人，與其他的團隊溝通協調，但這也不是公司的成長主力，要為他們開闢新方向，「主管要想出新的發展方向讓下面的人做，為組織創造價值，這才是創新的精神。」張忠謀強調這才是成長的主力。

做事的 record 比職務的 resume 更重要

張忠謀在課堂上也提出寫履歷表的忠告。他看到的履歷表常常是這樣寫的：一九九六年至一九九八年，某某公司行銷副總，管理一百人，公司營業額由新台幣十億元增加至二十億元等等，履歷表千篇一律都這樣寫，但最重要的卻看不到。張忠謀強調「你做了什麼事？」，這才是附加價值。管一百個人、營業額二十億元，這些事一點都不令人印象深刻，可是如果這些人他都不見，那他就沒法面試人。

履歷表這一點在美國總統大選時也被提出，那時布希與杜爾在爭取共和黨的黨內提

主管要想出新的發展方向讓下面的人做，為組織創造價值，這才是創新的精神。

名，布希就介紹自己曾經擔任過ＣＩＡ局長、聯合國大使、駐中國大陸、參議員和眾議員等一大套頭銜。可是他做過什麼事情呢？這是很厲害的問題，要聘人的人都要問。resume 與 record 是有差別的，resume 是介紹你做過的職位，record 卻是介紹你做過什麼事情。所以杜爾那時就說，布希有 resume，杜爾自己也有 record。張忠謀認為，業績倒不一定跟個人能力有關，業績可能是因景氣好的時候水漲船高，也可能是公司健全而沾到功勞。

（摘錄自《商業周刊》五六九期．19981015）

第 4 講　得到權力前　要先當責
——權責關係與領導人的角色

延續第三講「流體型組織」的概念，張忠謀第四堂的主題是「責任與領導」。他在課堂上提到了「當責」的觀念，但台灣社會職場卻直到二〇一一年起，才開始普遍認識及關注這個議題，印證了張忠謀管理思維的前瞻與格局。

張忠謀在這堂課中，不僅闡釋了「當責」的意義，也指出一些主管偏向以多數人意見為決策的不負責行為，而當責要談的，就是「責任歸屬」的問題。

副總經理的決定　總經理也要尊重

張忠謀說，流體型組織的特徵除了每人管別人的事，是良好培養人才的機會、人才可以在不同位置上互相交替外，最重要的就是「責任歸屬」。以一個公司部門副總為例，研發副總可能對業務的問題有興趣，或是生產副總也對業務部門的問題有興趣，但是業務部門的責任還是在業務副總身上。

張忠謀繼續引申，有時候總經理可能與業務副總在某些決策上產生歧見，但最後的決定權還是應在這業務副總身上，這種責任歸屬，英文是accountability（當責），組織倫理最重要的特點就是責任歸屬。

一項決策最後決定的責任一定要釐清，如總經理有相當強的直覺要執行他的構想，而業務副總又可能堅持己見的話，這對總經理來說是很大的考驗，可能解決辦法包括互相說服、或總經理退居幕後等，總經理應當尊重副總經理的決定，不然要副總經理做什麼呢？但如果副總經理提出與公司企業文化悖離的提案，是連溝通或考慮都不用。

張忠謀也提出這種「當責」上常見的錯覺，就是許多主管，無論是哪一階層，做決策的過程往往是取決於同事、朋友的意見，認為多數人贊同的意見是最穩當、最沒風險的決定，也是一種尊重多數的表現。主管也可能相信，這項決定未來如果是對的，大家都很開心，如果是錯的至少大家都跟我一樣意見。張忠謀說：「決定的責任，一定在本人身上，因為你徵詢過的人很少會認錯。」

他又舉例，假設現在企業要去購併一家公司，但是購併後經營得並不好，記者就去問當初參與決策的主管，有誰會說「我當初同意進行購併？」他可能會說「我其實是很保留的。」反過來想，如果購併這家公司以後，經營得還不錯，到時百分之百的人，甚至當初反對此案的人都會說「我同意這項購併。」這種現象是很現實的。張忠謀強調，花時間去爭取多數人的同意是白花精神的，不如多思考這項決定可能造成的後果。

先授責　才能漸漸創造出影響力

「當責」之後便是「授權」與「授責」。張忠謀說，通常大家喜歡談論的是授權，但是主要的目的還是授責，被授權的人如果沒想到有授責的話，就根本不應該被授權。例如，假設今天公司要在拉丁美洲設立子公司，總經理要徇私用自己人去管理這個子公司，業務副總一定會不高興，因為他沒有授權，但張忠謀指出，這個問題就他看來，是因為這個總經理沒有授責。

教父語錄

責任往往比權力來得早，權是漸漸而來的，要堅持先有權再有責，或者是權、責兩者一起來，常常是兩個都求不來。

張忠謀將「授權」的力量比喻為「地心引力」，Power is like gravity，這種力量不是憑空而來，一個主管先要被授責以後，才會漸漸創造出這種授權的地心引力。如果一個人獲提拔擔任主管，不是馬上就有權了，他要靠下屬的尊重才會開始有權，進而授權。責任往往比權力來得早，張忠謀勉勵年輕人要勇於負責，權是漸漸而來的，要堅持先有權再有責，或者是權、責兩者一起來，常常是兩個都求不來。

在課後的學生發問中，張忠謀也說道，公司裡絕大部分的權都是不成文的，被授權者最重要的是「影響力」，而一個主管擁有明文的「權」其實相當有限，大部分就是一些公文、帳單的簽核，或是合同、財務上的簽字，而不成文的「權」則是「影響力」，很多人要授權其實是要影響力。

領導人最重要的功能：給方向

在討論「領導」之始，張忠謀先談他對於「領導人」的看法。他說，有些成功的企業家曾表示，成功的領導人最重要的工作是激勵他的員工，做一個員工的激勵者（motivater）或是使能者（enabler）。例如英特爾的創辦人之一 Bob Noyce 就曾經說過類似的意見，他下面有能力很好的人，他只要打打高爾夫球就可以了。但是這種對於領導人的定義，只是像個啦啦隊隊長的角色，要做好的使能者，你的祕書也可以是很好的使能者。

張忠謀認為，領導人激勵了下屬，可是他們要做什麼事情？要往哪裡發展？這才是最重要的，領導人是要帶給他們方向，如果僅是一位激勵者，下屬很努力的在做事，可以跑很快，但也有可能在原地打轉，他強調領導人最重要的功能，是「知道方向，找出重點，想出解決大問題的辦法」，這也是檢驗一個好的領導人的主要條件。

但張忠謀也補充道，一個領導人若是找得出方向，卻沒有人跟隨，也不能成為領導者，反而是最大的悲劇，如果這個方向是對的，也可能是暫時的悲劇，他可能要考慮換公司。如果一個下屬因為上司不激勵他就不跟隨，這是下屬的愚笨。張忠謀相信公司裡水準以上的人，如果覺得領導人的方向是對的，雖然不一定喜歡不激勵人的主管，但還是會跟隨他。

成功的領導：強勢而不威權

他又指出，大部分的領導人都不是可愛的，例如台灣這幾年有一些被稱之為「大老」，他們都是很成功的企業領導人，但能說他們「可愛」嗎？可是他們是被尊敬的，可

教父語錄

大部分成功的領導人都不是可愛的，可是他們是被尊敬的，可愛與被喜歡，是不等於被尊敬的。

愛與被喜歡，是不等於被尊敬的。大老之所以受到尊敬，主要的原因是他們對問題的瞭解透澈，並做出正確的決策。如果一個領導人，又要被尊敬，又要被喜歡，唯一的辦法就是說服每一個人，但這樣一定很累，他必須開會疲勞轟炸以求達成共識，最後沒被說服的人也會點頭，因為他們疲倦了，就說「好吧，你去做吧。」

這一堂課程最後的主題是「威權領導」與「強勢領導」。張忠謀解釋威權領導英文為 **authori-tarian leadership**，強勢領導則為 **strong leadership**。這兩種領導模式表面上看分不清楚，其實有很大差別。威權領導是完全倚賴權威，一種「一言堂」式的領導。張忠謀有個朋友，曾經在福特汽車掌管歐洲業務，那時這朋友的老闆是亨利．福特二世，有一次朋友與福特二世對某項業務上有不同看法，福特二世就說「你去外面看看，是誰的名字寫在公司門口」，這種「你不同意我，你就走路」就是威權領導。

但是強勢領導的特質則包括：對大決定有強的主見，常常徵詢別人的意見，對方向性及策略性以外的決定從善如流，以及不倚賴威權，也不以很多時間說服每一個人。張忠謀也表示，他比較喜歡強勢領導，他相信成功的領導一定是強勢領導，因為一個領導者要帶領公司的方向，如果沒有主見，那要領導什麼呢？

（摘錄自《商業周刊》五七〇期．19981022）

第5講　經營企業最大樂趣在開發新市場

——談Sales和Marketing、集權與分權

張忠謀本週的主題談組織功能。他將sales與marketing解釋為「行銷執行」與「行銷策畫」，並進一步說明兩者的角色與功能。

他先簡單介紹，組織裡有不同的功能單位，包括sales/marketing、工程、研發、生產企劃、資訊科技、人力資源、財務、行政、法務等，他不一一介紹這些功能組織的內容，只就sales/marketing職務為例子。他覺得很多人對這兩個字了解不夠，將其翻譯為「行銷」，其實這個翻譯並不妥當，sales和marketing是兩個完全不同的工作，因此他將sales譯為「行銷執行」，marketing則是「行銷策畫」。

組織功能：sales是行銷執行，marketing是行銷策畫

Marketing的職責為何？張忠謀說，首先就是去了解市場在哪裡？這產品有沒有市場？如果現在沒有市場，但是有潛在市場，就要去開發市場。他以同樣擔任董事長職的慧智電腦[15]為例子，這公司最近要開發Thin Client，也就是智慧型終端機。這個產品的概念大致是，某些電腦不需要很複雜的軟體在其中，因此就開發出一種價錢便宜、維修也便宜的電腦系統，減少某些不需要的軟體或功能。

張忠謀認為這個創意不錯，可是要推廣到以大公司為主的客戶那兒，他們一定不會馬上接受這種想法，因此慧智的marketing人員就要找出潛在市場，也就是把「容易說服」的公司找出來，這是個很艱難但也極富開創性的工作，因為最大利益往往是屬於開創者的。張忠謀說，台積電在晶圓代工事業上的開創性，也是一個例子。

此外，marketing人員也要決定市場需要什麼產品或新技術，還得要為產品訂定策略性價格（strategic pricing）。有人認為，只在成本上加一些百分比就是訂價，但這只是一

[15] 張忠謀曾任慧智電腦（Wyse）董事長十年，後交棒張安平，該公司最後被戴爾電腦（Dell）收購。

種以成本為導向、很平庸的成本訂價（cost-based price）方法，而好的訂價法是價值導向的訂價（value-based price）。

至於 sales 的工作內容，張忠謀表示，sales 是去面對公司已有的客戶，marketing 是公司去開拓一個荒野市場，同時還要決定哪一個客戶應該先開發。他認為經營企業最大的樂趣就是開發新市場。

至於 sales 工作是與 marketing 成對比的，主要是追求客戶與雇主的雙贏，同時個人也要充滿活動力。一個好的 sales 必須很有活力，張忠謀形容他看到很多成功的 sales 都是「跳跳蹦蹦」的，但是 marketing 卻很少如此，marketing 是屬於思考型的人。另一方面，一個 sales 如果無法將一半以上的時間與客戶在一起，就不是一個好的 salesman。同時 sales 也負有訂下機動售價（tactical pricing）的責任，就是當場看客戶的個別情況，再決定要減價或加價。

企業組織的中央集權 VS. 地方分權

講到中央集權與地方分權，張忠謀以他在德州儀器的工作經驗為例子。所謂中央集權，主要是總經理之下，分設工程、生產、研發、行銷執行等部門，每個部門有副總經理

教父語錄

Sales 是去面對公司已經有的客戶，marketing 是公司去開拓一個荒野市場，同時還要決定哪一個客戶應該先開發。

負責。一旦有大事發生，沒有一個人能看全面，要問總經理。這種制度不能說不好，目前全球許多大型公司，例如波音公司，二、三百億美元營業額的公司，還是採用這種體系。

張忠謀解釋，地方分權的結構，是在總經理之下分設不同的產品事業群，每個事業群的經理就像一個小的總經理一樣，底下還分別有工程、生產、產品行銷策畫等部門，但是公司的人力資源、財務、先進技術的研發還是獨立出來，直屬於總經理。這種體系看起來，總經理似乎比較輕鬆一點。

張忠謀回憶，一九六四年當他拿到史丹佛大學博士後幾個月，當上第一個在德儀產品事業群總經理的位置。他在這個工作上有過很美好的回憶，那時也可說是德儀的黃金時代，主要有相當齊全的組織。張忠謀更表示，如果有朝一日他要提筆撰寫回憶錄的下半集，就會從這個時期開始下筆。

雖然在德儀產品事業部的回憶頗為美好，張忠謀說，過了十幾年之後，這樣的組織就變相了。因為公司將晶圓廠獨立出來，測試及裝配也都移到亞洲，全公司有二十多種產品事業群，他的工作內容大部分是為了取得資源而與別的平行單位溝通協調，例如要向晶圓製造部門爭取趕貨的優先順序，或是向裝配部門要求趕時間，但是別的產品部門也要趕時間。有時候晶圓廠的良率下降，造成他旗下產品成本增加，這個損失要誰負擔也是問題，所以他的部門不敢用真正的成本報價，而是每季修改價格以反映晶圓廠的成本。

張忠謀補充，中央集權組織的缺點是有時反應慢，不夠靈活，但是流體型管理方式就是一種解決方案，如果組織又有一位富有活力的總經理，就可以改善中央集權的不便之處。整體而言，中央集權的優點是資源集中管理，可以隨時調派，但是缺點是反應慢；而地方分權雖然反應快，卻常常協調費時，而造成各單位之間缺乏協調資訊。

第五堂課結束前，張忠謀開放學生提問，以下為學生Q&A：

Q：低價電腦風潮由何而來？

張忠謀回答，低價電腦最初是由缺乏市場占有率的廠商所發動，特別是超微（AMD）及國家半導體（NS）這兩家廠商。張忠謀回憶一年半以前（一九九六年）與國家半導體的總裁會面，這位總裁就滔滔不絕地介紹，打算將來做出每台二百美元的PC，估計每年可以賣出六億台，比起目前每年一億台PC的市場要擴大數倍。但是他沒想到，一億台PC的市場，單價都在一千美元以上，比起六億台低價電腦所能得到營業額還要高。

張忠謀分析，今年（一九九八年）整體半導體銷售數的確有上升之勢，但是抵不過平均售價的下跌，因此相乘以後的年營業所得呈現衰退，PC廠商的收入也因此減少。不

教父語錄

只在成本上加一些百分比就是訂價，只是一種以成本為導向、很平庸的成本訂價方法，好的訂價法是價值導向的訂價。

過AMD及NS為提升市場占有率而發動的低價概念，可說是造反也是革命，去年英特爾不願加入低價處理器競爭，但是今年看到情況不對了，仍然要推出因應策略。

Q：成本導向訂價VS.價值導向訂價有何不同？

張忠謀回答，英特爾的Pentium處理器訂價就是價值導向訂價，產品的利潤空間達七〇％以上，要是一般成本導向訂價，頂多只有四〇％。價值導向訂價的產品是，市場能夠出多少貨，你就將價格訂在多少錢。除了Pentium以外，他表示晶圓代工的價格也屬於價值導向的訂價。

當然不可避免，價值導向訂價的產品因為利潤高，市場的競爭性也會很高，要保持產品在價值導向訂價，就必須將競爭障礙提高。

張忠謀指出，英特爾投身處理器的歷史已有三十五年，真正發達的年代大約是近十年的時間，他們將競爭障礙建構得很高，第一個就是在智慧財產權上面，以法律的約束力量來作為競爭障礙，第二就是在技術及生產效率上的超高表現。不過競爭的狀況每年都在變，尤其是遇到技術斷層的時候，往往就出現轉捩點，而小小的轉捩點就可能讓競爭者趁虛而入，例如目前AMD在處理器市場略有揚升，對英特爾而言就是一個技術斷層的轉捩點。因此在英特爾於處理器市場的例子可以看出，即使構築了很高的競爭障礙，但也不是永遠固若金湯。

Q：Marketing 和 sales 人員在台灣科技業上的配置？

有學生提出，台灣科技業多屬於 OEM 或 ODM 的性質，如此經營特色的公司，是不是在 marketing 的人力會比較少？

張忠謀回答，對以 OEM 或 ODM 為主的廠商而言，marketing 的分量的確較輕。在 OEM 性質的公司中，完全沒有 marketing 的需要，而 ODM 還需要一點點 marketing 人員，要與客戶們洽談溝通產品的設計是否符合客戶的需要。不過張忠謀強調，他所想像台灣的科技產業，在五年、十年以後，不應再以 OEM 或 ODM 為主，「如果說台灣將來成為科技島，卻還是充滿 OEM 或 ODM 的公司，我不相信。」

（摘錄自《商業周刊》五七三期．19981112）

第6講　培養收訊與發訊者能力

——從董事會和CEO的良好溝通談起

第六堂課的第一個主題是董事會的運作，張忠謀從董事會與CEO的「張力」關係談起，雙方如何透過良好的共識及溝通，來建立相輔相成卻又彼此制衡的健康關係。由此議題延伸到溝通的重要性。他期許學生們一定要培養良好的溝通技巧，才能在職場上將自己的學問及本領發揮到最大的效用。

張忠謀特別強調溝通中擔任「收訊者」的角色，是和當「發訊者」一樣重要的。他還說，多年來自己常被詢問成功的原因，他覺得，培養「收訊者」的能力，就是原因之一。

董事會能任免 CEO 才能發展健康關係

張忠謀先問在場的全職同學（即無工作經驗者）所知道董事會的功能為何？一位學生回答，「擬定經營方針、任免重要主管」，張忠謀說這個「書本上的答案非常正確」，引起現場一片笑聲。另一位在職學生則回答董事會的功能，是「監督經理人不要把個人價值最大化與公司價值最大化混淆」。

張忠謀反問在場學生，一個公司如果沒有董事會會變成怎樣？他認為這個公司首長會變成獨裁者，雖然獨裁者也可以是個好的獨裁者，例如新加坡前總理李光耀就是開明獨裁者。但是一個國家的獨裁者，即使他完全「發瘋了」，還是有人可以與他講話溝通。但是公司的 CEO 如果太過獨裁，為所欲為，公司變成他個人的私利，有很多過去紀錄很好的經理人，忽然一年之間變得不太理智，這時如果沒有制衡的力量出現，對公司是很不利的，這樣的例子發生很多。

張忠謀說，董事會與 CEO 的關係應該是相輔相成的，他們之間既不是敵對，也不是橡皮圖章，所以這也是為何好的董事會其實是很少見的。良好的董事會與 CEO 的關係中，必須有些張力（tension），但是董事會可支持 CEO 到一個相當大的程度，董事

教父語錄

董事會與CEO的關係應該是相輔相成的，他們之間既不是敵對，也不是橡皮圖章。

會如同是CEO的諍友，但是最後的法寶則是任免CEO的職位。

至於CEO對董事會，應視為可敬的諮詢對象，不過CEO仍然要有主見，且適當扮演強勢領導的角色。這裡所謂的「強勢領導」的模式，張忠謀在數週前曾詳細解釋過要有「徵詢別人意見」的特點，不過也要防備CEO鑽牛角尖，如果有很多人反對CEO，CEO也要懂得懸崖勒馬。總之，CEO與董事會之間是種君子之交淡如水的友誼，不是一天到晚吃飯敘舊。

至於董事會的職責，張忠謀解釋，第一就是監督公司大方向的運作，但是不看細部的決定。一般而言，董事會大概三個月開一次，台積電即為如此，不過也有董事會每個月召開的。第二則是任免CEO的決策，這個權利是董事會的最後法寶，如果董事會沒有這個職權，不過只是個顧問會而已，所以這個任免權一定要有，可說是董事會與CEO間所有健康關係的開始。

張忠謀也提及台灣企業與國外企業董事會不同之處，最大的差異就是台灣很多企業是家族企業，公司的擁有者控制董事會，這樣並沒有不好，這種情形下，董事會要聽從擁有者對公司的要求。此外，另一個不同的地方，就是台灣企業就算不是家族企業，很多也是由大股東控制董事會。歐美的董事會成員大部分是由CEO聘任，由於酬勞不高，但屬於一種榮譽職，董事擔任此職也不是為了酬勞，張忠謀本人也曾擔任很多公司的董事職務，但是這種職位不是「他們聘了我做董事，我就要靠他吃飯」，在此情形下董事會多半能健康運作。

歐美許多大公司的持股者都是法人，而法人或投資基金等通常沒興趣參與公司的經營，因此董事往往是由CEO去邀請聘任。不過，雖然國外的董事會成員是由CEO聘任，但是好幾家大公司如IBM或美國運通，也有CEO被董事會要求辭職的例子。

良好溝通 從培養收訊者的能力開始

從董事會和CEO之間的良好互動和溝通談起，張忠謀以其具有「乘數」（multiply）效用的效果，向學生強調溝通的重要性。他對在座尚未出社會的全職學生表示，要將多年的學問及本領發揮到最大的效用，就一定要有良好的溝通技巧，「不要因為溝通不良，讓多年學習的東西無法發揮。」

張忠謀先在投影片上畫出一簡單的傳播模式，就是有一「發訊者」，將訊息傳達給「收訊者」，收訊者再給予一回饋（feedback）給發訊者。張忠謀說，好的發訊者是隨時看收訊者的反應再做修正的，他上課也是一個例子，或許這個題目本來計畫要講一個小

教父語錄

好的收訊者必須全神貫注地聽，而閱讀也是一種「收訊」的形式，同樣需要收訊者全神貫注，虛心學習去除心理包袱。

時，可是看到在場學生的反應不熱烈，他會將討論此題目的時間縮減到四十五分鐘或三十分鐘。但是收訊者的能力與發訊者的能力同樣重要。多年來張忠謀常被詢問「你成功的原因為何？」他表示，其實多年來培養「收訊者」的能力是原因之一。

「你聽得越仔細，就會越累，」張忠謀說，他聽別人的訊息比他講話要累得多。他還開了在場交大管科院教授朱博湧的一個玩笑，有一次張忠謀講完兩個小時的課程後，朱教授就上前問他「你一定很累了，」張忠謀說，這個問候對他是很侮辱（insult）的，因為「他在聽課，應該他比我累，怎麼是我比他累呢？」現場學生一片笑聲，朱教授臉色則略顯尷尬。

張忠謀也提出兩項測試「收訊者」能力的方式。第一就是看看「我講話時，他是不是會打斷我說話？」打斷別人說話不僅不禮貌，對打斷者本身也不利。很多打斷別人說話者，總自以為知道對方接下來要講什麼，但是往往九〇%是錯誤的。在很多場合中張忠謀都會問打斷說話的人「那你以為我接下來要講什麼？」張忠謀在公司內遇到這種情形，都會坦白告訴同仁，但是畢竟很多場合是比較客套，他也無法一一提醒。

另一個「測驗」收訊者能力的重點，就是很多人聆聽別人的問題時，如果其中提到批評自己的言語，他一聽到批評，就開始考慮「我該怎樣辯護」？接著下面的談話就聽不進去了，這時往往會疏忽了談話的內容。因此他強調，好的收訊者必須全神貫注地聽，而閱讀也是一種「收訊」的形式，同樣需要收訊者全神貫注，虛心學習去除心理包袱。

發訊者　要預先了解談話對象

在「發訊者」這方面，張忠謀則以「做簡報」為例，點出發訊者應該注意的重點。首先就是要對訊息本身徹底瞭解，這個特性是沒有替代品的，一個發訊者對訊息不了解就沒救了，再如何口若懸河的推銷員，最重要還是對產品特性有充分了解，才能向客戶介紹。

發訊者的第二個重點是要知道對象。張忠謀說，很多學生在事業生涯中，絕大部分時間是與不太認識的人溝通，因此要盡可能知道溝通對象的背景及喜惡。他舉例在兩週前，他赴台積電美國分公司拜訪客戶，其中有天要與一家大公司的CEO見面。他雖未見過這位CEO，但是這幾個月很多商業雜誌的文章中都曾報導此人，介紹他的背景及抱負。因為大家都不認識這位CEO，所以他就將相關的文章影印發給一起去拜訪的人。

對談話對象的背景有初步瞭解，將可帶動訊息傳遞的流暢。假設要拜訪的人不是技術領域出身，與他講太多的技術細節就是對牛彈琴，但若他具有技術背景，那麼與他討論技術就是投其所好。

教父語錄

「從不高估對象的專門知識，也從不低估對象的一般智慧」，是張忠謀與不熟悉的收訊者溝通時的法則。

「越重要的對象，溝通就越花時間。」張忠謀還舉出一個例子，台積電現在常有訪客團體來參觀，公關部門也常要向訪客做簡報。但是最不好的簡報就是只有一套簡報，假設現在參觀的客人是非洲的小學生，那麼簡報的內容就應該與向總統簡報的內容完全不同。同樣的道理，公司內有些人向他簡報的內容，與向客戶的簡報完全一樣也是錯誤的，這是在公司內常出現的毛病。

「從不高估對象的專門知識，也從不低估對象的一般智慧」，是張忠謀與不熟悉的收訊者溝通時的法則。其中「高估對象的專門知識」是很多工程師常有的毛病，他們常與談話對象大談專業知識，卻未考慮到對象是否與他一樣了解此領域的技術。

此外發訊者也要注重「抓重點」，張忠謀認為最令他感到枯燥乏味的簡報，就是沒有重點的內容。最後就是要隨時提醒自己，做簡報時要隨時遵守時間。

張忠謀強調，無論是發訊者或收訊者，在溝通上的技術都是可以訓練的，但這不是天生的天賦。他也提出個人的觀察，表示目前在台灣所接觸的大專以上學歷者，就發訊者的角度評量，大致可分為 expreesive（辭能達意）、articulate（能言善道）、及 eloquent（辯才無礙）三個等級。他估計在中文程度「辭能達意」者應有八五％，英文程度則有一五％，中文可以「能言善道」者占一〇％，英文為一％，前兩種等級的發訊能力是可以訓練的。中文可達「辯才無礙」者在他看來僅為鳳毛麟角，英文達此境界者就更稀有了，但是這一等級的發訊者，聆聽的人是有樂趣的。

他也舉例，兩週前他在麻省理工學院遇到兩位經濟學家克魯曼[16]與梭羅，其中克魯曼大概是「能言善道」級，梭羅則應屬「辯才無礙」級。梭羅自己也說，如果是面對面的授課方式，「**I can make the class sing**」（我可以讓全班唱起歌來），如果是透過錄影帶教學，就風味全失。張忠謀期勉學生「大家努力訓練自己達到溝通的最高階層。」

（摘錄自《商業周刊》五七四期，19981119）

---

[16] Paul Robin Krugman，二〇〇八年諾貝爾經濟學獎得主，美國經濟學家及紐約時報專欄作家，現任紐約市立大學經濟系教授。

收訊者與發訊者的能力

好的收訊者：

- 全神貫注的聆聽
- 不打斷他人說話
- 聽到批評自己的言語，不要考慮「我該怎樣辯護？」

好的發訊者：

- 隨時看收訊者的反應再做修正
- 要對訊息本身徹底了解
- 盡可能知道溝通對象的背景及喜惡
- 從不高估對象的專門知識，也從不低估對象的一般智慧

談投資銀行「不減價」的競爭價值

張忠謀在第六堂課一開始，指定學生研讀個案——高盛銀行（Goldman Sachs）。

他提出選擇這家投資銀行作為個案討論的三個原因，第一個是藉此引起大家對「投資銀行」這個行業的興趣，這是與在座學生很不一樣的行業。美國知名作家費茲傑羅（Scott

Fitzgerald）小說中有一名句：「Let me tell you about the riches, they are different from you and me.」（讓我告訴你有錢人的生活，他們與你我完全不一樣），張忠謀借用此句形容投資銀行：「Let me tell you about the investment bank, they are different from you and me.」（讓我告訴你投資銀行的故事，他們與你我完全不一樣）。

他希望在座學生能夠對投資銀行有初步的瞭解，因為投資銀行有一產業特點他相當嚮往，就是對客戶從來不減價。雖然他們的「產能」也常過剩，同行間的競爭也相當激烈，但是不減價的特性卻始終如一，可以作為晶圓代工業的典範。至於投資銀行不減價的競爭價值在於「服務導向」，這也是他要將台積電由製造業轉化為服務業模式的原因。

選擇高盛銀行個案的第二個原因，是目前美國社會高收入階層與平均收入階層的總收入差距越來越大，這個差距也是目前資本主義出現的大問題。企業界某些公司的專業經理人，例如兩、三年前迪士尼公司的 CEO 一年的薪水達二億美元，這種數字在二十年前根本沒聽過。收入差距的擴大可謂資本主義的隱憂，將來會造成反彈。

第三個原因則是，高盛銀行是美國最後一個由合夥方式改為公司組織的銀行，合夥及公司兩種性質是很不同的，合夥制公司在現在幾乎絕跡，此過程是有歷史意義存在的。合夥方式有其優點存在，雖然現在改變以後，外面的人看不清楚，但是曾經在合夥公司裡面的人感受會很深刻。

第7講　讓員工全心投入的激勵因子
——比較「股票分紅制」與「股票選擇權」的激勵效果

張忠謀在一九九八年全國經營者大會中指出，我國產業有「急功近利」之憾，在第七講的交大經營管理講座中，他也以相當長的時間就「急功近利」的問題根源之一「股票分紅」制，與國外行之有年的「股票選擇權」進行比較。

第七堂的講課主題是incentive（激勵誘因），張忠謀依據一般心理學家的研究將incentive分為兩類，一類是「維持因子」，包括基本的生活費用，這個部分可以使一個人去工作，但是不能使人全副精神投入工作。維持因子還有舒適的工作環境、公司設有餐廳、宿舍等。另一種則是「激勵因子」，其中包括成就感、除底薪外可供致富的金錢、團隊樂趣及recognition（被認同）。

股票選擇權　可獎勵長期投入與留任

張忠謀說，無可諱言金錢的確是一種激勵因子，但是台灣的分紅制度是沒有「延期制」的，今年發了紅，今年的激勵因子就失去了。至於 recognition，有些基層或中階的主管因表現不錯，得到董事長或總經理的當眾嘉獎，也是一種激勵因子。這時張忠謀忽然打住話題，要與學生分享他個人的一項觀察，「許多人在接受別人稱讚的時候，會不由自主地往後退，這是為什麼呢？因為他希望你講得大聲一點。」語畢全場一片笑聲。

張忠謀特別強調「待遇」的議題，分為維持因子及激勵因子兩個層面。維持因子的待遇為底薪，就是最低的生活費用。另一激勵因子，又分為短期及長期二種，短期指對一年之內的成績所發出的分紅獎金，長期則是一年以上，有時可達五年、十五年。

在台灣，員工的分紅制度是屬於短期的，只要今年的成績做得好，就可以分得一筆獎金。但是分紅不足以激勵長期成績，很多人拿了短期的分紅就離開，還有一些人長期努力工作，但今年沒有成績，不能表現於盈餘上，該如何激勵？張忠謀說，台灣缺乏對員工長期的激勵因子，但是美國有這樣的制度，主要且唯一的方式就是股票選擇權。

張忠謀更進一步解釋股票選擇權，是指公司不定期授予員工購買特定數量公司股票的

教父語錄

股票選擇權可獎勵長期任職的員工，股東與員工利益一致。股票分紅制是有盈餘就分，因此股東與員工的利益不一致。

權利，購買價格以授予日當天的市場股價為準，或是不低於市場價八五%的價格，讓員工分五年可 vesting 購入。所謂 vesting 是假設公司今年指定某主管可購買一萬股，他可以今年購入兩千股，明年再購入兩千股，依此類推一直到第五年，如果今年股價欠佳，也可以保留今年購入的權利，直到未來股價上揚再以原指定價購入，等到股價高點賣出。

張忠謀說，這個制度可說是美國很多人在績效良好公司上班致富的主因。在股票選擇權制度之下，股價需要長時間才會上升，且股價上升是因公司業績持續成長，可以獎勵長時間投入才有成績表現者，且員工要長期工作才能分期取得股票，又可獎勵長期任職的員工，而且股東與員工利益一致。但是國內的股票分紅制，員工分紅配股是有盈餘就分，但是股價下跌股東虧錢，而員工卻照拿股票分紅，因此股東與員工的利益不一致。

張忠謀認為，台灣的股票制度的基本是「每張發行的股票都要有主人」，所以資金不能有「庫藏股」，雖然現在立法院正在審議開放庫藏股制度[17]，但即使有了庫藏股制度，也不能解決股票選擇權的問題。舉例來說，一家美國中型公司每次提供員工股票選擇權的數量是總股數的三%左右，以這個比率來假設台積電每年購回市場上的股票發給員工，那

[17] 我國立法院於二〇〇〇年三讀通過開放公司買回自家股票的庫藏股制度。

麼台積電市值約新台幣五千億元，每年買回三%，就要一百五十億元，假如真的要以如此價格購回，台積電新廠也不用蓋了，南科也不用去了，故光有庫藏股是不可行的。

美國公司如何準備庫藏股的股票呢？張忠謀說，就像中央銀行有權印鈔票一樣，美國公司可以多印一些股票，每次大概三、四年中間多印一〇%股票，雖然造成股東權益稀釋，但都要經股東大會通過，在公開發行新股票時，保留一部分做為股票選擇權之用。

具備驚奇效果的獎勵　最有效

反過來看，台灣制度是每張股票都要有主人，故只能以盈餘轉增資的方式代替。員工分紅配股是最近十幾年科學園區發展出的現象，因為台灣沒有股票選擇權，所以變通辦法就是以每年盈餘提撥一部分在盈餘轉增資時，讓員工同時轉增資。假設公司今年盈餘一百億元，以其中一〇%作為員工紅利，就有面值十億元的股票發給員工，員工拿股票時不必付稅，這筆股票的市值又數倍於面值，賣出時是以面值課稅，實在是給員工很大的好處，也算是台灣的創新之舉，員工當然很開心。

美國很多大公司的董事會內，都會設置一「薪酬委員會」，由兩、三位董事負責擬定高階管理人的底薪及股票選擇權。張忠謀說，他也曾擔任多家公司董事會中的這項職務。

接著他就列出一份由加州矽谷《聖荷西水星報》曾刊登的統計表，比較美國知名大型科技公司高階主管九七年度的年薪及股票選擇權總數。

張忠謀針對這份收入表與學生討論的人是超微董事長桑德斯（Jerry Sanders），他在一九九七年的年薪為二百三十四萬美元，出售股票選擇權後的現金總額卻高達一千五百八十五萬美元，因此他全年總收入為一千八百二十多萬美元。雖然超微在過去幾年的獲利並不理想，好幾年不賺錢，但是這五年之中總有一個時間的股價高於當初公司指定價，只要看對時機賣出，自然大賺一筆。

張忠謀再點名統計表中蘋果電腦、全球ＩＣ設備第一大廠應用材料、電子設計軟體公司Avant!及益華電腦（Cadence）、惠普電腦、網路大廠思科（Cisco）、英特爾等公司高階主管的全年收入進行描述。例如有些公司營運狀況不佳時，高階主管底薪雖高，但是股票選擇權售出的金額就不高，有時甚至全年掛零。有些規模雖小但是成長迅速的公司，其主管底薪金額或許不高，但是因營運表現好反映在股價上，高階經理人售出股票選擇權所獲得的現金，可能要比聲譽佳的大公司經理人待遇還要好。

張忠謀也點名其中益華電腦的前任董事長Joseph Costello，他在一九九七年辭去益華電腦職務，也賣出手中選擇權的股票，獲利六千六百多萬美元，離職前整筆賣出賺了不少。張忠謀回憶 Costello 曾請他吃飯，暢談晶圓代工業要善加利用 IC 設計 IP 的理念，他認為聽 Costello 說話，就像他在第六堂課中所言，收訊者要比發訊者辛苦得多，Costello 在那餐飯中談了很多，張忠謀聽得不輕鬆，不過還是認為內容很充實。

第七堂課結束前開放提問，以下為學生 Q&A：

Q：董事會的薪酬委員會是以哪些原則分配高階主管的待遇？

張忠謀強調**「要與別的公司有競爭性」**。通常高階管理人向董事會報告是由 CEO 為代表，他向董事會陳述的內容，可能是某副總要離職了，新職的收入比現職高出多少，藉此爭取高階主管待遇的調整更具競爭力。

張忠謀指出，美國企業高階經理人的股票選擇權及收入增加，在這二十年間成長最為快速。二十年前美國一位 CEO 的平均收入，大約是工人階級的五十到六十倍，近年來差距已經成長到三百倍。仔細分析 CEO 級收入成長，底薪部分增加幅度不高，主要是來自股票選擇權。美國基層員工很少擁有股票選擇權，即使有也是意思意思而已。

張忠謀又舉一例，目前美國一位大學理工科系畢業、剛開始工作的工程師月薪大約四千美元，年薪將近五萬美元，而一位 CEO 的全年底薪大約五十萬，兩者的底薪差距僅

教父語錄

基層的員工工作屬於「奉命行事」，但是高階經理人是為公司構思如何賺錢的策略，在價值上自有不同。

十倍，但是CEO在短期獎金的分紅上，就比基層工程師高得多，大約是五十至一百倍。但是基層工程師沒有股票選擇權而CEO有，雙方收入差的倍數就是無限大了。

為何美國的高階經理人與基層收入差距如此高？張忠謀說，其實美國企業界在這方面已經思考了數十年，他們認為基層的員工工作屬於「奉命行事」，但是高階經理人是為公司構思如何賺錢的策略，在價值上自有不同。一般說來，在美國選擇權的分配是每個職級差一倍，例如CEO就比COO多一倍，COO又比副總級多一倍。

有學生追問，在美國沒上市的公司是如何以股票激勵員工？張忠謀說，大致有兩種方式，一為發放**restrictive stock**（限制性股票），以象徵性的價格讓員工購買，這種限制性有可能是要求上市後才發放真股票，或是上市後不能馬上賣等條件。另一是**fair value**（公允價格）條件下的股票選擇權，所謂**fair value**是由會計師訂定的價格，通常是該公司的淨值。

Q：公司在虧本時，董事會該如何制衡CEO？

張忠謀回答，董事會可以每週開會，加強督促CEO對公司的管理，有的董事會一個月開二、三次會，並不一定要全體聚集，以視訊會議舉行也是可行的。在國外如果公司經營狀況不佳，董事會每個月開一次是很司空見慣的，這些董事們都有相當地位，多開點會追蹤公司進展，CEO不能拒絕。另一種方式，就是董事會可物色一些人才來擔任副總，協助改善公司狀況，或是聘請顧問公司協助CEO改善。有時也可以建議CEO撤換公司總經理，這些都是董事會為公司著想的建設性方式。

Q：如果某個副總被晉升為總經理，其他副總可能不服氣而集體辭職，該如何解決？

張忠謀回答，培養一位繼承人不要突然宣布，要讓接班人長時間有準備的訓練，雖然他的職位與其他人一樣，但大家會視他為繼承人，長時間中若出現反對聲浪，CEO也可以聽到。還有一種狀況，就是接班人還在培養階段，但許多同級者可能會認為「等不到」了，就先離職他去，這種狀況也比一群人忽然離去要好。

Q：如果一些激勵因子因使用過多，例如口頭稱讚或是發獎金，造成員工對此麻木，激勵因子是否就降為維持因子？

張忠謀馬上說：「所以我不太誇獎人。」引起全場一片笑聲。

他強調「物以稀為貴」，他印象最深刻的就是進入德儀工作半年多後，公司副總在耶誕節前幾天請他至辦公室，說是要給他一個unexpected pleasure（不預期的驚喜），原來是一千美元獎金，他心中非常感動，這筆金額現在大約等於一萬美元，雖然數目不是極大，他在往後幾年間領到的獎金多過此數，但是這筆獎金還是他終生難忘的。

張忠謀說，人其實是「很壞的東西」，習慣了就不以為奇，所以具備驚奇效果的獎勵最有效。現在台灣高科技業採行的獎金制度，大部分是定期發放，員工都習以為常了。

Q：股票選擇權在上市或公開發行的公司頗為有效，但許多組織屬於非營利性單位，這些員工該如何激勵？

張忠謀說，這種非營利性的單位例如工研院的員工，激勵方式幾乎完全倚賴成就感，他們以成就感或是 recognition 得到激勵是絕對做得到，但是不可避免來自金錢的激勵因子不僅較少也很困難，他也承認：「在現代社會中，錢的誘惑的確滿大的。」

Q：台積電在成立的前三年都沒賺錢，這種情況下該如何激勵員工？

張忠謀表示，台積電在那時是有前景，他可以描繪得很漂亮，但是員工不一定相信，因此也有人辭職離開，但就他所知，至少有兩、三個人視離開台積電為終生遺憾。當時激勵員工的因子還是以成就感、團隊樂趣及 recognition 為主。

在美國有些老年人自成功的大公司工作多年後退休，對於以往公司的驕傲溢於言表，過去的工作如同在參與一項偉大的工程。張忠謀強調，他希望員工具有的使命感，是讓公司在台灣成為一規矩經營本業的典範，同時躋身為世界級公司，也可激發員工成就感。

（摘錄自《商業周刊》五七六期．19981203）

張忠謀打破桑德斯「真男人要有晶圓廠」之說

提到桑德斯這位多年老友，張忠謀忍不住打開話匣子。

十幾年前桑德斯有一句名言是「Real men have fabs」（真正的男人是有晶圓廠的），因為那時晶圓代工業尚未興起，多數半導體公司皆有自己的晶圓廠。張忠謀去年（一九九七）與桑德斯會面時，兩人又談起這句話，桑德斯承認張投入晶圓代工業的看法是正確的，所以「Real men have fabs」這句話已被打破。但是桑德斯還是認為，設計微處理器（MCU）及DRAM兩種產品的公司，還是應該要有自己的晶圓廠專事生產，但張忠謀則認為只有DRAM公司需要有自己的晶圓廠。

桑德斯認為，微處理器產品需要設計部門與製造部門的密切合作，所以兩者必須同時設於公司內，張忠謀卻以「虛擬晶圓廠」概念回應，指出微處理器產品公司與虛擬晶圓廠合作生產，可能比設計、製造同在一公司內的生產還要好。

不過張忠謀這場與桑德斯三十分鐘的交談，「我也沒說服他，他也沒說服我，」但是張忠謀強調，「我相信歷史站在我這邊。」

第 8 講　考核是為了「塑造」員工

——績效制度與人才培育

張忠謀在年終將近的第八堂課，談到考績制度的問題，他鼓勵上司應該讓下屬明白自己的弱點。他更強調，主管與下屬的切磋，才是在職培育的主要工具。

此議題學生反應相當熱烈，課堂結束前多有提問，張忠謀的回答也相當精采。

主管要能告知屬下弱點、塑造員工

張忠謀首先指出，中西文化中都強調賞罰必須相稱，中文常說賞罰分明，西洋歌舞劇《*The Mikado*》（天皇）中有一段歌詞「Let the punishment fit the crime」（讓犯罪的人受到懲罰），可說是英美文化中對賞罰相稱理念的縮影。

不過目前在企業界，實際上賞多於罰的比率非常大，受到懲罰的人很少，但是受賞的人卻多如過江之鯽。考績制度是為了達到激勵與塑造所產生的制度，不過卻很少有成功的例子。不成功的原因是常將重點放在考績上，而忽略了「塑造」。最近台積電內部也開始考評年度考績，在今天公司內的一個會議上，張忠謀聽到十幾位員工對於考績制度的意見錄音，「很多人都說主管打考績不公平或很主觀，但卻沒想到考績有『塑造我』的功能。」他強調，考績制度的重點在於「培育塑造」，而不是僅看過往的表現。

張忠謀觀察到，在進行考績作業時，很少主管願意將下屬的弱點坦白告之。他說，其實如何告訴下屬他的弱點，對於主管來說也是一種訓練，特別是被選為繼承人選的屬下，更要仔細觀察他的弱點，主管必須有誠意且提供有建設性的建言。

張忠謀認為，每個人的工作表現都是可以改進的，要有勇氣點出他的弱點，不要以

教父語錄

考績制度有一個很好的副產品就是，在確認表現最好的前 10%與最壞的 5%員工的過程中，可同時達到激勵效果與溝通效果。

「我們文化不興如此」作藉口。「一個公司要改掉『不願意檢討別人』的文化，能夠檢討別人的公司才會進步。」當然下屬對主管的檢討也容易起反感而難以接受。很多主管怕下屬產生反感，檢討考績時就以「你很好」、「我很好」帶過，這樣的公司不會進步。「若你告知屬下弱點，且其中一〇%或二〇%能夠改進，就很值得了。」

張忠謀以自己的親身經歷指出，他在美國做事三十多年，每個公司都有考績制度，他自己可以說是這個制度的受益者。在這三十多年中，他深深體驗過擔任下屬的感覺，也深知他們為何不能接受上司的意見。張忠謀說，他在美國總共經歷過十位主管，其中只有兩、三位不會坦白告訴他缺點，其他七、八位都很願意與他談他的弱點。當然他也有自尊心，有時主管剛告訴他時他也會起反感，但是一、兩天後仔細想想，有道理會願意接受，這才是關鍵。「三人行必有我師」，他對有些主管並不一定佩服，但他們對自己的批評，仍然很有意義。

「考績制度有一個很好的副產品就是，在確認表現最好的前一〇%與最壞的五%員工的過程中，可同時達到激勵效果與溝通效果。」張忠謀認為，對於考績落至最後五%的員工，要與他們合理的說明，最後的五%不能永遠在最後五%，如果每年一樣表示老闆有問題。在溝通效果上，考績的結果應該讓同級或是更高主管知道，這樣就可擬具一些調動人力的資料庫，例如資遣名單或是升遷名單。資遣名單是隨時準備、備而不用的。其中升遷名單對於最好的一〇%應該再進一步進行排名（rank order），使升遷名單更為清楚。

現在公司多半會舉辦很多訓練，包括外訓、公司內上課，或是派到國外大學接受短期或長期的課程，這種課程有沒有用？張忠謀認為，用處有限。「這些不是培育的主要工具，培育的主要工具第一是主管與下屬的切磋；第二是下屬的自我學習；第三才是這些課程訓練。」他說。

最好的生涯規畫是永遠做自己有興趣的事

接著談到人力資源專家提倡的「生涯規畫」。一般所謂生涯規畫，大致是年輕人計畫「先做三年工程師，再去念ＭＢＡ，畢業後轉往業務部門，過幾年希望能到國外工作一陣子，最希望能擔任公司副總。」但張忠謀很不贊同這種「生涯規畫」理論。他認為，面試年輕人的主管最多是經理，四十歲左右的經理聽到二十幾歲的年輕人說四十多歲時要做副總，這對經理來說不是很違背人情嗎？更何況世事難測，這種計畫要實現是很不可能的。

另一方面，預先規畫未來要做的職業，對目前工作的投入也打了折扣，不免徒然提高期待造成失望。「我認為最好的生涯規畫，就是在每個崗位上永遠做自己有興趣的事情，培育的主要工具第一是主管與下屬的切磋；第二是下屬的自我學習；第三才是這些課程訓練。

且對公司產生貢獻，盡力去做。」

張忠謀提到二、三十年前，很多美國名校的畢業生跑來跟他大談生涯規畫，因為對他們來說，四十歲就像一個關頭，同班同學開同學會時，可能會問「你做到副總沒？」有些大公司組織層級多，要做到副總不容易，有些公司較小，做到副總比較容易。如果想從大公司換工作，這種變動也有風險，徒增煩惱。因為人的職業生涯不是一條直線，如果僅就某工作做得很好的經驗去類推自己的未來，這是錯誤的，所以張忠謀說生涯規畫是人力資源主管搞出來的理論。

接著張忠謀開放同學現場提問：

Q：告訴下屬他們的弱點，通常接受度都不太高，這是不是東西方民情文化的差異？

張忠謀指出，其實員工的接受程度與主管的溝通技巧也有關係，最重要的是主管的建議要有誠意也要有建設性。在美國，與員工溝通的確較容易，但是多少還是會有與台灣一樣的問題。打個比方，在美國與十個下屬溝通缺點，大概會有五、六個人接受，但在台灣只有兩、三個人會接受你的建議。

Q：台灣公務員每年都是固定幅度加薪，這樣在考績上幾乎無法激勵員工，對公務員應如何給予激勵，以提升他們的效率？

張忠謀回答，金錢只是激勵因子的一部分，公務員的薪水雖然不多，但是別的成就感或使命感可以激勵。新加坡很多一流的人才都進入政府工作，他們的做法可以提供參考。台灣公務員的薪水可以提高，但是不能馬上就提高，因為公務員的水準參差不齊，如果一下子把他們的薪水提高三、四倍，可是人還是同樣的一群人，這樣就沒有意義了。長期來說，是應該提高公務人員的薪水，但是要經過長時間調整，以及建立相關配套措施，光是加薪水是不足以提高他們工作效率的。

Q：教授很不贊同「生涯規畫」理論，那人力資源主管的工作應該有哪些呢？

張忠謀認為，人力資源主管應該將實際的「塑造、培育」制度建立起來。在台積電，公司會發現一些大學在學生資質很不錯，他們在學時還與台積有接觸，但服役後就容易失去聯絡，人力資源主管應該負責維持與他們的接觸，台積應該要去追求真正好的人才。

又例如台積電一直強調國際化，很多好的國外大學去找過沒有？台積電現在會到國外知名大學主動尋找人才，現在已經有一位柏克萊加大的畢業生來到台積電服務，也去麻省理工及哈佛大學求才。此外，人資主管也要建立公司的升遷制度，這個制度是否合理？如

教父語錄

最好的生涯規畫，就是在每個崗位上永遠做自己有興趣的事情，且對公司產生貢獻，盡力去做。

何評估一個升遷候選人的領導能力？這些都是人資主管的工作。

Q：也有一些「反激勵」（disincentive）的措施，能否介紹這方面的概況？

張忠謀指出，通常在這方面比較 mechanical（機制化）。在美國，對於考績低落的員工會有一個查看期間（probation period），通常是先給予警告大概一年時間，接著再查看約半年時間，最後才會做決定請他走路。在台灣可以考慮的是不加薪、不發紅等措施，台灣是比較平等主義的方式，大家拿的加薪幅度或發紅都差不多。但張忠謀認為制度健全的公司不應該太平等，獎勵傑出的工作者，對不傑出者也是種懲罰。這些也都是人力資源主管應該規畫的事情。

Q：我們為員工進行績效評估時，會分為A、B、C、D、E五個等級，台積電做法為何？

張忠謀認為，績效評估最重要的是確認最好及最壞的群體，其他歸為一大類即可。他的想法是A、B、C三級就可以了，其中A是最好的前五%或一〇%，C是最後五%或一〇%，這個比率不一定，中間的則是B，不過在台積電還是分為A、B、C、D、E五個等級。在台積電副總級以上主管的績效評估，張忠謀非但親身參與，同時也會主導，雖然report給他的只有一位總經理，很多副總是report給總經理或執行副總等人，張忠謀還是會相當仔細評估他們的績效。在每年 report 給總經理的幾位副總中，前五、六名績效優秀者，張忠謀都會將這幾位的背景資料做成投影片，對於公司考績排名前二十至三十名的人，張忠謀都會知道且記得他們，這也是一份升遷人選的名單，他們分紅加薪也最多。

Q：如何讓升遷合理化？公司內的升遷應該是隨時進行還是一年一度？

張忠謀指出，公司內的人事升遷應該是 random 的，但是升遷的條件應該事先要公布。在台積電，主要看人選的理念和過去的 track record。層級較高職位的升遷，例如經理以上職位，會有三到四人的小組 committee 決定，他們一起決定升遷的條件，而非一個人單獨決定，可避免搞小團體政治，所謂小團體政治就是靠私人關係去獲得職位。不過這種方式也不可能完全消除主觀的因素。「我所謂的人才不是看他的學歷，也不是看他的資歷，而是看他做事的態度與精神，我要的是『越戰越勇』的人，這種特質是無法從履歷表上看出來的，要親自去認識才能發掘。」張忠謀強調。

（摘錄自《商業周刊》五七九期．19981224）

第9講　不同產品有不同學習曲線

——談研發投入、成本與市場競爭

這堂課的主題談產品與市場。張忠謀以兩家互為競爭者的公司為例，深入討論新產品的學習曲線，對市場占有率、公司的獲利，乃至存亡，可能帶來哪些連鎖效應。張忠謀強調，市場占有率重要性的理論根據，在一九六〇年代後期到一九七〇年代初期被開發出來，五、六年間各種理論紛紛出籠，不過，這些理論如果被不當使用，可是相當危險的。

經營者不要以為有了市場占有率就能夠降低成本，仍舊要配合方案推動才能真正降低成本，張忠謀認為，學習曲線較適合應用在快速成長的市場。

學習曲線有助降低成本、擴大市占

「市場占有率」的重要性為何？這是張忠謀在第九堂課上提出的第一個問題。

有人回答說，軟體若能擁有市場占有率，就能主宰標準的制定。他緊接著追問，「硬體方面呢？」靜默半分鐘後，終於有人舉手作答。回答者說，市場占有率對於硬體公司而言，意味著銷售了更多的數量，可以降低成本。

張忠謀對這個回答顯然相當滿意，這樣的回答剛好為他這一堂課做了很好的開場白。

張忠謀出示一張縱軸為成本、橫軸為累積銷售量的學習曲線圖〈learning curve〉〈見表二〉，這條曲線說明了，當一家公司在市場上的累積銷售量每增加一倍時，其單位成本就減少三〇％。張忠謀說，這條曲線被說成「可歌可泣」一點也不為過，因為這不但在DRAM產業裡實際發生過，而且很多人就在這條曲線裡，涕淚交流的喪失了工作、財富及事業。這條曲線，他個人認為也適用於IC產業。

為了讓學生對他的描述有更深刻的感受，張忠謀在空白投影片上演算了A、B兩家公司的實例。〈見表二〉

表一：DRAM 產業的學習曲線

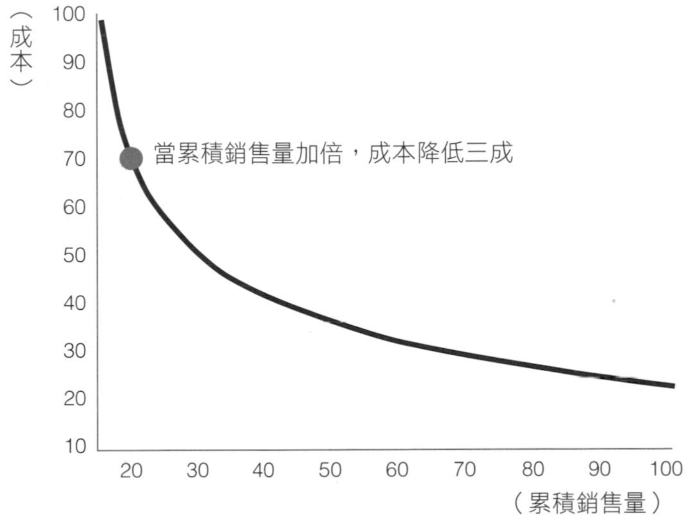

表二：1984 至 1986 年間 DRAM 產業興革

年	市場總量	銷售量		市場占有率（%）		單位成本（*）		市價	營業額		毛利		研發投入		淨利（累積量）	
		A	B	A	B	A	B		A	B	A	B	A	B	A	B
1	20	10	10	50	50	100	100	200	2,000	2,000	1,000	1,000	1,000	0	0	1,000
2	30	20	10	66	33	57	70	100	2,000	1,000	860	300	1,000	1,000	(140)	(700)
3	60	45	15	75	25	36	53	50	2,250	750	630	(45)	1,000	1,000	(370)	(1,045)
4	100	100	出局	100	出局	23	出局	50	5,000	出局	2,700	出局	1,000	出局	1,700	出局

* 說明：基於 DRAM 學習曲線的推算

第一年：A公司全力投入研發、零淨利，B公司享受高淨利的光環

第一年，當市場總量只有二十單位時，A、B兩公司各占有一半的市場占有率，市場價格為兩百，因此兩家公司的營業收入相同，都是兩千元。從學習曲線上看，當累積銷售量為十單位時，單位成本為一百，因此A、B公司的年度毛利為單位毛利（售價兩百減掉單位成本一百）一百乘以十，也就是一千。

一樣的銷售量、一樣的營業額、一樣的毛利，A、B兩家公司唯一不同的地方在於A公司決定投入研發一千元，因此年終淨利掛零；而B公司沒有積極投入研發的舉動，因此年終大肆慶祝淨利高達一千元。當B公司的總裁受邀發表演講時，心中對未來懷著隱憂。他對大家表示，公司未來應該要投入研究發展。

第二年：A公司握有三分之二的市場占有率，B公司退步太多、總經理揮淚下台

第二年，市場成長了五〇％，整個市場的總量達三十單位。而A公司由於研發有成，搶下了三分之二的市場，銷售量為二十單位。累積去年的十單位和今年的二十單位，總計三十個累積量。照學習曲線所示，A公司的單位成本降為五十七左右。去年銷售了十單位的B公司，今年仍舊只銷售了十單位，累積了二十個單位的銷售量，使得B公司的單位成本只由原來的一百遞減為七十。

加上第二年市場的價格由原來的兩百銳減為一百，因此A公司創造了兩千的營業額，而低於對手的單位成本，讓A公司的毛利達到了八百六十。再度投入一千元做研發的A公司，雖然出現淨損一百四十，不過對於A公司而言，董事會早有策略，而且去年淨利掛零與今年也沒有差很多。

反觀B公司的毛利，則由原來的一千陡降為三百，加上B公司也決定投入一千元作為研發之用，年終出現淨損七百元，比起去年落差實在太大，因此總經理不得不引咎辭職。除了傷心，總經理心中還有很重的委屈感，想到同業引燃價格殺戮戰，把價格一下子殺得那麼低，不禁就「涕淚交流」。

第三年：A公司占有市場四分之三，成績顯現，B公司失去市場、決定出局

第三年，市場特別好，總量加倍而達到六十，不過售價再度腰斬成為五十元，只有去年的一半。A公司由於持續投入研發，拿下七五%的市場占有率，銷售量為四十五單位。累積A公司第一年十個、第二年二十個及當年四十五個單位的銷售量，讓A公司的單位成本降為三十六。

然而這一年，只有二五%市場占有率的B公司，單位成本卻高達五十三元，比市場價格還高出三元，等於每賣一個產品都要倒貼三元。年度總營收才只有七百五十元的B公司，毛利更首度出現虧四十五元的窘境。董事會眼見公司失去了市場占有率，虧損每年都增加，因此決定退出競爭，不做了。

第四年：A公司雨過天青，總經理升任總裁

第四年，A公司取得市場霸主的地位，雖然仍維持市價在五十元的水準，但是根據學習曲線，當累積銷售量達一百七十五單位時，單位成本就只剩下二十三元。這讓A公司終於雨過天青，年度淨利高達一千七百元，總經理順勢升為總裁。

張忠謀說，這個故事真實發生在一九八四至一九八六年間的DRAM產業，其中老謀深算的A就是日本公司，而痛失江山的B則是美國公司。他表示，政治總比真實狀況來得遲，美國的反傾銷法在一九八七年誕生，就是因為美國公司在DRAM產業裡吃了大虧之後，才決定呼籲立法。張忠謀表示，反傾銷法這帖救命丹終究還是來得太遲，立法完成時，大部分的美國DRAM公司都已經出局，受惠的只剩下德州儀器及美光兩家公司。

DRAM產業在經過一九八四至一九八六那三年的發展後，除了催生反傾銷案之外，幾年後舊戲碼又再度上演。

只不過這第二幕由韓國來扮演A公司，而日本人卻成了B公司。張忠謀說，DRAM產業大戲的第一幕還算是簡單的，如今上演的第二幕比起第一幕還更加複雜。

教父語錄

學習曲線是動態的觀念，與經濟規模無關，累積銷售量增加，只是「有機會」降低單位成本，不過不是自動地降低成本。

此外，張忠謀指出，日本人認為DRAM是兵家必爭之地，將DRAM視為進入半導體產業的大門，是極大的錯誤。他說，在半導體產業中，DRAM的技術發展，完全不會為邏輯產品帶來什麼便宜，「在半導體產業中，DRAM既不是兵家必爭之地，更不是進入半導體的關鍵。」他強調，有些人會誤以為所有的產品或技術都適用同一條學習曲線，其實是很危險的。

張忠謀說自己一九八七年剛回台灣時，也曾認為DRAM是進入半導體產業的技術驅動力，但是英特爾副總裁當年來台灣看他時，就已經告訴他，CPU的技術已經與DRAM分道揚鑣，如今更是漸行漸遠。張忠謀說，多年後的今天，他對於當年兩人的對話仍然印象很深。他說現在台積電的晶圓代工與世界先進的DRAM，其所各自投入的技術開發，是無法共用的。

學習曲線較適用於快速成長的市場

講到學習曲線的幾個要點，張忠謀說，學習曲線是動態的觀念，與經濟規模無關，累積銷售量增加，只是「有機會」降低單位成本，不過不是自動降低成本。

經營者不要以為有了市場占有率就能夠降低成本，仍舊要配合方案推動才能真正降低成本。張忠謀認為，在快速成長的市場內，學習曲線較適合應用。

對於台灣需要耕耘市場占有率的產業，張忠謀表示，包括晶圓代工、DRAM、顯示器及主機板等產品，都應該來耕耘。

張忠謀也一再強調市場區隔非常重要，不同的產品及技術，就應該考量不同的學習曲線，因此像主機板及顯示器等產業，當然就要重新檢討學習曲線的斜率。

利用 BCG 矩陣找出問題產品

在企業管理學享有盛名的 BCG（Boston Consulting Group）矩陣，在張忠謀的課堂上聽起來更覺生動。原因是他也是當年參與這個模型建立的人士之一。張忠謀當年任職的德州儀器公司，就是 BCG 最大的客戶。

這個矩陣把企業的各個事業以「市場成長率」及「相對於最大競爭者的占有率」區分為四個象限，分別是一、市場成長率高，且公司握有市場占有率優勢的「明星」。二、市場成長率不是很高，但是公司掌握了絕對的市場占有率的「乳牛」。三、市場成長率不錯，但公司在市場的占有率卻還有待加強的「問題」。四、市場成長性不佳，且公司的市場占有率也低的「狗」。

管理一個企業，最主要的就是認清哪些產品線或事業是「狗」，並將之去除。

張忠謀說，如果企業裡擁有的全都是「明星」，那會吃掉太多現金，所以需要有「乳牛」來負擔明星所需的資金。不過，如果企業沒有「問題」產品，那就太沒有挑戰性了。所以，張忠謀說，管理一個企業，最主要的就是認清哪些產品線或事業是「狗」，並將之去除。不過，他也說，大部分企業都犯了相同的毛病，就是把「問題」產品及事業留得太久，終至釀成事端。

張忠謀指出，當年BCG的祖師爺傑克．威爾許對於事業單位只有兩個規定，一是要求要達到某個百分比的報酬率。如果表現不佳，可能就會被盯著看，常常遭到檢討；第二個規定是，如果連續三年，事業單位的報酬率還是沒有起色，那麼很可能就會有更換領導人，甚至有裁撤的舉動出現。

鐵腕作風的威爾許，因此被冠上了「中子彈」的外號。講到這裡，張忠謀突然心有所感似的再度說了一句，「領導者是可愛的並不多」。

（摘錄自《商業周刊》五八〇期．19981231）

第10講 掌握核心優勢才能出奇制勝

——在既有市場和新市場的競爭策略

張忠謀在第十堂課中論及策略與策略規畫，並舉出既有市場和未有市場的企業競爭實例，之後再針對企業擁有的核心優勢等資源作策略規劃。

張忠謀表示，以人為例，有了願景和價值再加上策略，就可以算是成功的人，企業也是如此。誠如愛迪生所說，一分靈感，九分努力。因此，成功的策略規畫包含十分之一的靈感（策略形成），接著策略規畫決定怎麼做，再看看有多少資源和核心優勢可以運用，最後就是漫長的執行過程。

以服務／技術為定位　開拓既有市場

企業的經營策略要出奇制勝，可以區分為既有市場和未開發市場兩方面作說明。麥當勞、台積電和聯邦快遞等可以作為既有市場開拓的例證，因為這些公司均以服務／技術為定位開拓市場。

以麥當勞為例，自一九五〇年麥當勞開第一家店以來，原本漢堡市場規模並不大，但靠服務定位清楚主攻速食市場，也搶占咖啡店已有的市場，目前全球已有超過萬家的連鎖店。此外，麥當勞也針對各地域不同特性作定位區隔。美國定位在平價、低檔，台灣、中國大陸則定位在中層消費市場，最後以連鎖店經營方式成功擴充既有市場。

張忠謀說，台積電剛成立的情況和麥當勞差不多，既有的晶圓代工市場並不大。當時晶圓都是國外大廠自己做，全球僅有不到二十家的ＩＣ設計公司。有了台積電開拓晶圓製造專業代工服務後，就有很多小型ＩＣ設計公司成立，現在全球就有六百多家ＩＣ設計公司，也以一星期一家的速度迅速成長。美國聯邦快遞也以郵差服務成功拓展市場，以上三個例證的定位均是擁有很高的願景才能成功。

針對尚未開發的市場，慧智電腦可以作為說明。三年前（一九九五年）甲骨文和昇陽兩家公司就提出網路電腦（Network Computer）概念。宏碁董事長施振榮也提出XC專用電腦觀念，類似終端機應用，但慧智算是最早投入開發尚未有的終端機市場。

核心優勢能讓企業站穩競爭利基

「並非每個應用均需要PC，每年終端機的維修費用或採購費用也比PC低很多。慧智在三、四年前就有視窗終端機的產品，前幾年可以用慘澹經營來形容，目前一個月業績也有幾百萬美元，公司目前已飛快成長。」張忠謀說道。

此外，也有人樂觀地預測，終端機應用將取代一〇％至二〇％的個人電腦市場。但張忠謀認為，PC加上伺服器已經等於電腦功能，慧智的視窗終端機要取代部分的PC應用，PC市場今年（一九九八）約有一億台的規模，只要取代其中的五％至一〇％，就足夠幾家業者存活。

張忠謀以過來人的經驗認為，加入核心優勢並不容易，成功的機率也不高。但核心優勢的確能讓企業站穩競爭利基。就晶圓代工產業而論，良率是無可比擬的核心優勢，台積電就擁有生產和高良率的優勢。DRAM核心優勢主要視良率而定，高良率就能降低生產成本，每月幾萬片的經濟規模並不是最主要的競爭優勢。

教父語錄

成功的策略規畫包含十分之一的靈感（策略形成），接著策略規畫決定怎麼做，再看看有多少資源和核心優勢可以運用，最後就是漫長的執行過程。

同時，DRAM算是已有市場，競爭者眾多，使得各廠商生存不易。「分析世界先進擁有的核心優勢，是具備生產優勢，但設計及技術開拓優勢有一些卻不夠先進。現在世界先進因為技術開發陷於困境，但不要把世界先進看扁，因為有逐步漸進的目標，可能變成DRAM前幾家大廠。」張忠謀說道。

分析美日DRAM廠優劣原因

張忠謀表示，核心優勢可以讓企業在已有市場和未有市場出奇制勝，就以德州儀器的美、日廠在一九七〇年代研發64M DRAM為例。一九七〇年代，德儀日本廠做出的良率遠高過美國廠，但成本和良率其實是成反比關係，低良率意謂付出的生產成本也大。對於不成熟產品（剛開始研發的產品）來說，美國廠良率僅有五%至一〇%，日本廠卻有二〇%的良率，日本廠的生產成本就遠比美國廠低一倍。就成熟產品的良率來說，日本廠有六〇%至七〇%的良率，美國廠卻僅有三〇%至四〇%良率。

張忠謀也補充，美國有好的人才和先進機器，努力幾年仍拚不過日本的原因很複雜。可以用美、日作業員的素質、流動率和缺席率，以及技工、領班、工程師和團隊精神等做說明。

日本的作業員清一色都是高中畢業以上，素質整齊，相當高的比例是大學以上，每年僅約一%至二%的流動率，而員工缺席率幾近為零。反觀美國，美國的作業員素質不齊，流動率也比日本高得多，景氣好時流動率高達每年五〇%，景氣差時也有一〇%的流動率，每天更有五%的缺席率。然而，作業員一般需要三至四個月的訓練期，才能掌握八成的技術熟練度，因此美國人力的高流動率對產品、良率影響很大。

張忠謀強調，訓練對於員工技術熟練度非常重要，IC發明人基爾比（Jack Kilby）二十年前在德州儀器的員工餐廳說過：「多數作業員進來從來沒有做好一顆IC，但雇主也找不出來是哪些員工。」足見作業員訓練不足對企業的殺傷力很大。

技工優良與否對於半導體影響很大。張忠謀表示，日本的技工訓練遠比美國好，日本的設備故障率（down rate）僅約五%至一〇%，美國的設備故障率卻高達近三到四成比例，使得美、日兩國產品和技術良率差一大截。他也說，過去因為很多公司的設備故障率太高，使得產品線的良率不佳，生產速度也嚴重延宕。

而日本的生產線因良率高，存貨相當平穩，就好像日本人說的「Just in hand」（剛剛好），不要在線上存貨，免得生產線一站拖過一站，嚴重影響產品良率和出貨情況。

張忠謀也提及，領班和工程師同樣也在半導體產業扮演要角。談到領班、工程師的素

教父語錄

具備核心優勢也取得部分市場占有率後，企業要提升市場競爭力，就得考量競爭對手的強處和弱點。

質，日本也比美國高很多。日本領班多為二流理工畢業生擔任，而美國領班則用十八世紀法國詩歌（指文學院）畢業生，兩者的半導體專業程度差上一截。至於工程師的素質，日本好學校的理工畢業生願意從事生產、研發工作，但美國理工畢業生只想從事管理工作，所以工程師多半由非理工科畢業生擔任。此外，日本人的團隊精神也比美國高很多，這些複雜原因造成德州儀器的美、日廠良率差異很大。

提高良率才能降低生產成本

張忠謀在一九八三年離開德州儀器，但離開後的幾年內仍為德儀的股東，定期會收到公司的年報。張忠謀回憶說：「約在一九八七年，我收到TI寄來的年報中就曾經提到，TI有個廠的良率可以和日本廠匹敵。」他認為，美國廠的設備故障率降低是最大原因。「因為美國二十多年來的敬業觀念進步很多，再加上設備多自動控制，環境改善不少，因此台積電在三年前決定赴美設WaferTek晶圓代工廠。」當學員問及台灣和日本相比的優勢時，張忠謀說，台灣也具備類似日本的核心優勢，但員工流動率高了些。

具備核心優勢也取得部分市場占有率後，企業要提升市場競爭力，就得考量競爭對手的強處和弱點，類似企管學中常會提到的SWOT（Strength、Weakness、

Opportunity、Threat）分析，也就是強勢、弱勢、機會和威脅的策略分析。

張忠謀說，宏碁要在個人電腦建立自有品牌，就得分析IBM、Compaq（康柏）的優缺點。再舉筆記型電腦業者英業達為例，是康柏OEM的夥伴，若要進一步提升市場占有率，不一定要馬上和國外大公司一較長短，應先培養自己的實力才對，因為光是比行銷管道和品牌知名度，問題就複雜多了。簡言之，先做小角色培養實力，先改善良率、降低成本就具備競爭優勢，而DRAM產業也是如此。

（摘錄自《商業周刊》五八一期．19990107）

第11講　建立公司五大競爭障礙
——成本、技術、法律、服務與品牌

張忠謀在第十一堂課講授的內容大致分為兩大主題，一為如何有效率地進行會議，由於每家公司每天可能都花很多時間開會，且牽涉者眾，所以開會其實是一件成本很高的事。他估計，九成公司都開了太多的會，因此會議召集人有責任先想清楚開會的目的，也應該扮演控制會議效率的角色。第二部分則延續前一週的「策略」主題，討論企業可建立的競爭障礙（competitive barrier）有哪些。

張忠謀強調，在公司策略中一定要建立競爭障礙，然而大家最常見的「成本」優勢，卻是最容易被超越的障礙。

不發表意見者不必參加會議

張忠謀將平日公司內舉行的會議分為三種性質，第一類 communication（溝通布達）的會議，就是單方面將訊息告訴特定群眾的功能；第二種是諮詢性質的會議，找一些人來問大家意見；第三種則是討論決策的會議。

依此會議分類，第一類的會議形式參加人數沒有限制，但是主席的角色很重要，與會者也要注意聽。第二種諮詢式會議人數則不宜太多，其中主席的角色是要引出參加會議者的重要意見，受邀者也必須是能發表意見的人，一旦接受諮詢就可以暢言無礙。

第三種的決策會議對公司最重要，參加人數最好控制在十人以下，主持人不僅要引出參加者的寶貴意見，更要具折衝能力，當與會者意見衝突時，主持人可以居中協調。受邀者一定是有見解的人，否則整個會議完全是在浪費時間。參與這類會議的人要暢快地發表意見，但也要有接受不同意見的風度。

張忠謀說，他在台灣經常參加很多諮詢會議，舉辦單位多半是政府機關，參加者則為學者、企業家或官員。這種會議的通病是，主席請與會者一個一個發表意見，十個人每人講十幾分鐘就要耗上兩個小時，這種狀況一點也不稀奇。對於先發言者而言，他們講完了

教父語錄

張忠謀多年來開會的原則，也可說是成功開會的祕訣，就是不會發表意見的人不必參加，此外，會議的進行步調也要緊湊。

以後就要呆坐兩個小時，實在是非常乏味的事情。這種情況下，就是主席沒有扮演好他的角色。這種會議中，有些人談話毫無內容，也可以講上十五、二十分鐘，好的會議主席應該有技巧地打斷，這是主席必須扮演的角色。還有人認為與會者講得多就是有學問，這也是錯誤的觀念。寶貴的意見在五分鐘內都可以講出重點，就算無法全數介紹，其言語也足夠引起別人的興趣而進一步發問。

他多年來開會的原則，也可說是成功開會的祕訣，就是不會發表意見的人不必參加，此外，會議的進行步調也要緊湊。一個好的會議是每個參與者都很主動積極、都願意發表意見。公司開會絕對不是看電影，他觀察到在很多公司的文化中，有些人沒被邀請參與開會，彷彿是沒面子的事情，而參與開會者卻好像來看電影似的，這些態度都不對。

張忠謀認為，九〇%公司的會議都太多，因此召集會議者最好先想清楚開會目的，或許就不用開這麼多會了。他估計，公司內應該可省略一半的會議。

低成本不能算是好的競爭優勢

授課內容的第二部分延續「策略」議題，張忠謀強調，在公司策略中一定要建立競爭障礙。競爭障礙最普遍的就是成本。比成本低的確是一種競爭障礙，在台灣也算是成功的策略，但以成本為障礙是很辛苦的事業。即使成本比別的競爭者低很多，就算低上一〇%、一五%已經很不容易了，這樣的百分比並不能算是有利的競爭優勢。況且一〇%、一五%只能算是蠅頭之利，如果對手要讓這家公司頭痛而採取虧本削價策略，那可以賺的利潤就更低了，所以降低成本並不算是個好的競爭障礙。

第二種競爭障礙是先進技術。這只是少數人擁有的競爭障礙，可以給予成功者一個訂價權，英文就是 **pricing power**，這是所有研究策略者常常提到的名詞，像微軟、英特爾及輝瑞藥廠，都是能夠掌握訂價權的公司。一個公司如果持續有新的產品出來，所謂的先進技術也就是競爭障礙，英特爾、微軟及輝瑞藥廠都是這樣的公司。

張忠謀分析，第三種競爭障礙是法律，也就是一般常說的智慧財產權。之前提到的三家公司也都是運用法律作為競爭障礙的例子，法律可以讓這些廠商自先進技術得來的競爭優勢更為鞏固。以英特爾為例，在一九九三年以前，他們很依賴智慧財產權作為競爭優勢，競爭者若觸犯其專利智慧財產權就立刻告上法院，以此爭取到足夠的時間，可大力發展他們先進的技術。結果近五年來，英特爾技術領先已經達到相當可畏的地步，因為他知道競爭者的技術根本趕不上，因此態度變得較為溫和，不再處處動用法律建立競爭障礙，但此舉並不表示英特爾從此就是一個老好人。

教父語錄

客戶關係的競爭障礙，不一定需要先進的技術作為障礙，但是客戶的信賴感很重要。

張忠謀指出，競爭障礙還有客戶關係，也包括服務在內。雖然此特色對於標準型產品（commodity）的公司不重要，例如DRAM、監視器、主機板等，今天向甲公司採購產品，明天甲公司破產了，還可以向乙公司買，同樣的產品改變供應商沒有差別。但是客戶關係對於服務業及某些特定的產業很重要，例如女生指定特定的美髮師就是個例子，因為有信賴感，才願意將頭髮交給某些特定的人去整理。客戶關係的競爭障礙，不一定需要先進的技術，但是客戶的信賴感很重要。銀行也是一個需要客戶信賴感來建立競爭障礙的產業，在張忠謀本學期課程的高盛銀行上市案討論中，也強調了服務的重要性。

張忠謀說，台積電一直希望將客戶關係建立為競爭優勢，但這種客戶關係不是與他們打打高爾夫球、送送禮就能建立的，而是靠忠誠的服務，讓客戶對該公司很放心，才願意接受他的服務。

張忠謀說，聲譽也是一種競爭障礙，特別是對第一次的客戶很重要，這種競爭障礙也包括品牌。以可口可樂為例，很多年前售價僅一毛美元時，其中成本連液體及罐頭在內是二分錢，廣告費用要三、四分錢，比硬體成本要高得多，其策略是從建立品牌，然後建立競爭優勢。像有些名牌衣服也是價格高昂，同樣藉由品牌或聲譽來建立競爭優勢。張忠謀特別推崇英特爾，經調查被認為是美國五個最被民眾認識的品牌之一，但英特爾的產品一般消費者並不容易看到，它有這樣的知名度，顯示該公司也將電腦晶片做出品牌來了。

切割策略規畫與日常業務團隊

談完了策略，張忠謀再講到策略規畫，這部分與策略思考不同。把策略想出來的人相當少數，聰明的CEO會開策略諮詢會議來收集好的意見，少數人再將策略萃取蒸餾出來。例如英特爾的Intel Inside口號，最初是英特爾前總裁葛洛夫想出來的點子，但是要怎樣去執行卻是策略規畫的工作，他們要決定各種資源的運用，例如人力及財力要有多少？要花多少錢？要用哪些人？不經過這條路，再好的點子都無法付諸實行。

一般策略規畫者也常提到SWOT。張忠謀說，這些策略規畫的術語應都是想出策略之前使用的，如果一位構想策略的CEO還要一大堆人來告訴他機會在哪裡、危機在哪裡，是不太可能的。真正的策略規畫，是要把執行方案訂出來，這種規畫是可以追蹤的，每個月可以評估一次。

還有一種策略方案是比較長期的，時間大約三到五年，例如英特爾的Intel Inside，或是現在半導體製造即將步入的銅製程，或是近來經常被討論的電腦千禧年問題等。此外，張忠謀也強調，策略規畫業務常常易被公司日常業務所排擠。例如一位生產線的工程師若

教父語錄

聲譽也是一種競爭障礙，特別是對第一次的客戶很重要，這種競爭障礙也包括品牌。

同時也進行策略規畫，萬一生產線上出現問題，他就必須把策略規畫業務置於一旁，先解決眼前緊急的問題。因此策略規畫的人應該與日常業務的人分為兩批，經費也應該分開，以避免排擠。

（摘錄自《商業周刊》五八二期．19990114）

第12講　我的使命感就是要經營世界級企業

——堅持走一條難走的路

一九九九年一月六日是台積電董事長張忠謀在交大講學的最後一堂課。在上課之前，張忠謀就說，他一直未決定最後一堂課該講什麼題目，一直到上課當天早上，才擬定要以「世界級企業」為題，與同學討論。

張忠謀先討論世界級企業的定義。首先一家公司的影響力必須是世界性的，而不能只是地區性，其次還包括水準以上的業績。世界級企業相當重視股東的投資報酬率，通常有相當的成長率。此外，聲譽及同業間的肯定也是要素之一。世界級企業不靠政商關係等特殊交情而成功，領導者的特質也是條件之一。

全球化企業　經營觀念必須無國界

定義世界級企業的條件之後，張忠謀接著討論企業全球化（Globalization）的重點。首先是經營觀念必須無國界之分。張忠謀說：「光是這個條件可能就要排除很多自稱是國際化的公司。」在企業文化方面，公司核心文化中要有包容性，能包容各個不同國家地區的文化，而在地的企業文化要與當地文化不衝突。

他以台積電日本分公司的制度為例。一般在日本企業有所謂終身僱用制度，台積電日本分公司的員工都沒有參與分紅制度，且其中有三分之一都是臨時聘僱。因為若將他們轉為正式員工，公司方面對於員工的承諾很大，他們不敢貿然將他們僱為終身員工；即使僱為永久員工，也不納入公司分紅制度裡。這個情形或許以後會納入，但是還要看未來幾年台積電的整體狀況而定。

張忠謀也舉例，有很多企業文化在世界各地是放諸四海皆準的，例如創新或開放式的管理。所謂開放型的企業文化，就是每個人有自由、有機會陳述意見，在很多場合裡也可以檢討別人的意見，並有風度接受別人的檢討。雖然這類企業文化在亞洲地區並不是一開始就適用，因為亞洲人不是很習慣，不過這還是屬於可以推行的文化，並不會與當地的文化衝突，重要的是排除心理障礙。

張忠謀回憶在德州儀器工作時，德儀日本分公司也是非常開放型的文化。有一次公司打算聘請一位五十多歲已退休的通產省高級官員來任職。這個官員地位很高，他的意見很寶貴，英文也很好。但那時很多人都說此人的背景一定不適合德儀這種開放型文化，但結果卻是適應得很好。張忠謀認為即使初期大家不習慣，假以時日，開放型的企業文化一定可以生根。最近他還與日本德儀老同事聯絡過，老同事也都認為這種文化在日本推行沒有問題。

台灣企業缺乏創新與長期耕耘精神

張忠謀也強調，一個公司要走全球化，一定要有正派經營的道德觀念，世界上大多數地區傳統的道德規範，基本上是極為相同的。張忠謀特別對「共同的語言」提出討論，他說要藉由翻譯來經營國際化公司很難完全傳達意思，一定要有共同的語言，讓大家可以自由溝通。放眼全球其實只有一種共同語言，就是英語，他相信未來五十年恐怕還是只有英語一種。雖然說二十一世紀是中國人的世紀，但要把中文當成國際間主要流通的語言，至少還要五十年。有了國際化能力以後，才能算是起步，作為邁向世界級公司的基礎。

教父語錄

跨國企業的核心文化要有包容性，能包容各個不同國家地區的文化，而在地的企業文化要與當地文化不衝突。

接著張忠謀也以約三十分鐘的時間，談談台灣企業需要努力的方向，有不少心得可算是他回國經營企業十餘年的感觸。張忠謀表示，台灣企業創新的程度不夠，創新是所有世界級企業的共同點，所謂創新不單是指技術，而是各方面的。在行銷上、行政上都可以創新。專門技術上的創新不太容易，需要大筆投資金額，也要際遇。但公司內部也可以創新，技術、產品、行銷、管理、行政等，都可以藉由創新改進，這個地步一般說起來，台灣企業是不夠的。

張忠謀認為，經營企業也需要長期耕耘的精神，但台灣很多企業要的是短期立竿見影的結果。企業本身欠缺長期耕耘的精神，股東也欠缺這種精神。其實股東的心態對公司非常重要，股東如果過度看重短期，公司辦不好。在座同學如果將來擔任公司的CEO，就要對股東負責，要是股東一天到晚只要求看公司短期的成果，可是CEO主要在構思公司長期的策略，這樣CEO是做不好的。股東對公司的經營方向與策略有很大的影響，也有些企業股東希望公司看長期，可是經營團隊卻看短期。張忠謀觀察，台灣企業仍有多數缺乏長期投資、長期耕耘的精神。

張忠謀也相當注重人才的培育。他說世界級的公司皆相當注重人才培育，送員工去上課是一種方式，從員工一進來就似乎有人在帶領他，也是一種方式。一個世界級的公司，帶領他的人可能是中下或中層的經理，未來升遷上去後，每一個階層都有人來關切你職業的成長，這就是人才培育，主要還是在職的培育，其實也是長期投資。

力挺宏碁走上自有品牌　做世界級公司

張忠謀也談到，台灣企業更需要無國界的經營理念，看起來這是條難的路，假如志願定得比別人高，就一定要走難的路。宏碁要做自己的品牌是條難的路，有人批評宏碁在美國虧了那麼多年，為何還要虧下去，他雖不清楚宏碁經營美國公司的狀況，可是對施振榮要走這條路，他完全贊成，一個世界級的公司是要走這條路的。

他相信台積電成立至今雖然稍具規模，但絕對還未到達他所期望的地步。他語重心長地表示，要做世界級企業，也是個使命感的問題，他的使命感就是要經營世界級的企業，這種期許與賺錢或追求地位不一樣。他以很個人、感性的語調回憶，以往他在美國工作時，地位算相當不錯，沒做到CEO，也做到一家世界級大公司半導體事業群的主管。後來到通用儀器擔任COO，他到任何地方去跟任何人接觸，可以說是平起平坐，非常受到尊敬。回到台灣設立台積電後，當初一些朋友對他的態度完全改變，因為「我不是世界級公司的主管，我只是一個想在落後地區開公司的人。」

教父語錄

假如志願定得比別人高，就一定要走難的路。

一直到兩、三年前，張忠謀認為在國外所受到的待遇，還不是一個可以跟世界級公司主管平起平坐的人，直到近一、兩年才有各種國際間的認可，例如獲選美國《商業周刊》最佳的二十五位經理人、台積電ADR在紐約交易所上市、他在美國電視新聞中接受訪問，還有大型投資銀行派分析師前來拜訪台積電，以及一年前美國銀行將其列為半導體五十年來最有貢獻人士之一。這些都是最近這一、兩年才受到國際的認可，但絕對還沒有做到他所要的目標。

（摘錄自《商業周刊》五八三期．19990121）

第四篇

傳承

四千天完全交棒學

台積電三十年來一路成長的經營數字，證明了董事長張忠謀無可取代的「半導體教父」地位，及其卓越的領導力。台積電在二〇〇八年金融海嘯後的成長變化，即為明證。

二〇〇九年，張忠謀回任總執行長後，隨即大刀闊斧決定擴張資本支出，同時擴大產品線，爭取蘋果新一代手機處理器訂單。從結果來看，台積電營收從二

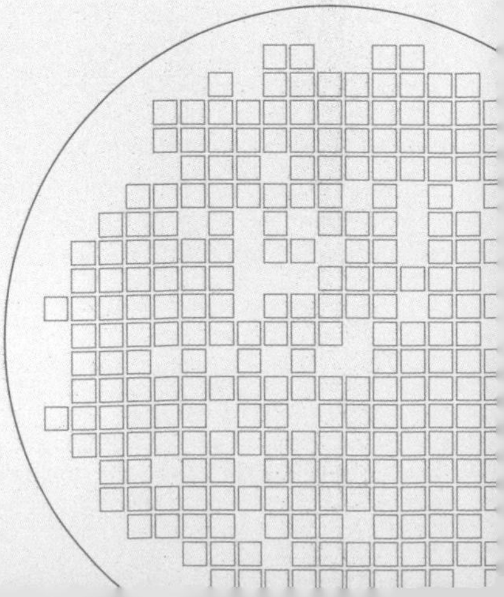

〇〇八年的不到三千億元，成長到二〇一七年的逾九千七百七十億元，翻了兩倍多；二〇一七年每股盈餘達十三．二元，九年間提升了二八四％。

但，隨著台積電越來越亮眼的經營績效和國際聲望，卻也讓外界開始擔心，當張忠謀退休後，台積電還能持盈保泰嗎？如此成功的經營領導典範，誰能望其項背？誰有能力扛起來？

從二〇〇二年張忠謀首次具體談到台積電未來的交棒計畫；二〇〇五年第一次把執行長大位交棒出去，到二〇〇九年重掌兵符。之後，二〇一二年起正式啟動完全交棒三部曲，每一次接班的重大決策，他都接受了《商業周刊》的獨家專訪。

本篇以時序由遠而近的方式回溯張忠謀交棒之路的關鍵轉折，專訪內容揭示了他對於接班傳承的思考脈絡，對於世界級企業領導人的嚴格要求與無私培育，在台灣許多企業面臨交棒、傳承的轉型時刻，深具啟發性。

半導體教父完全交棒簡史

• 前奏▼2002.07 專訪

接受此篇專訪時，張忠謀已年過七旬，他首次談到台積電未來的交棒計畫。明白揭示，自己不會一次退下，而會效法英特爾，採取慢慢凋零、逐步退出的方式。

• 變奏▼2006.06 專訪

二〇〇五年，張忠謀第一次卸任台積電執行長，將鎂光燈和舞台給了蔡力行。交出執行長位置一年後，他在專訪中坦言「等時候到了，連董事長、董事都不做了」。

• 首部曲▼2012.03 專訪

接班計畫沉寂近三年，突然在二〇一二年三月份再次啟動。這次沒有指定單一接班人，而是將三位資深副總蔣尚義、劉德音、魏哲家，拔升為共同營運長（Co-COO）。

• 二部曲▼2013.12 專訪

台灣科技業史上首見的雙執行長接班計畫，由劉德音與魏哲家接任共同執行長（Co-CEO），以分工合作的方式與張忠謀共同領導台積電，並同時直接向張忠謀負責。

• 終章▼2017.10 專訪

台積電宣布二〇一八年股東會之後，董事長一職將由劉德音接任，負責與政府、社會溝通等對外事務，是公司決策最後把關者。CEO將由魏哲家接任，負責營運，包括研發、業務與財務、法務等，向董事會報告。

老兵不死，只是凋零

——前奏▼參考英特爾模式分階段放手

二○○二年，張忠謀接受《商業周刊》專訪，首次談到台積電未來的交棒計畫。他明確表示，「集體領導不好，不如直接交棒。」而為了公司和諧，避免政治鬥爭，早點讓大家知道最可能的人選比較好。甚至坦然的說，「萬一交棒沒交好，就再交嘛！」

受訪時，張忠謀已年過七十，他以「老兵不死，只是凋零」譬喻自己的退休方式，也就是不會一次退下，而會效法英特爾，採取「逐步退出」的方式。或許也呼應了從沒想過退休時程的心理狀態——努力、奮戰，創業直到最後一刻。

美國奇異公司的前任CEO傑克．威爾許的交棒方式[18]，曾經引起全球CEO的高度關注。不過，台積電董事長張忠謀認為威爾許的交棒候選圈過大，會引起內部競爭的政治風暴。

二〇〇二年，張忠謀接受《商業周刊》專訪，首次談到台積電未來的交棒計畫。他明確的說，自己不會一次退下，而是會效法英特爾聯合創辦人摩爾（Gordon Moore），一九八七年不當CEO以後，還繼續擔任董事長，過了一陣子，又把董事長位置交出去，但還是當董事。一直到二〇〇一年，才連董事都不做，整個交棒過程長達十四年。

葛洛夫也是一樣，他是摩爾的下一任CEO，也是在一九九八年將CEO交棒給貝瑞特（Craig Barrett），但是並未將董事長的位置交出去。張忠謀認為，慢慢凋零、逐步退出的方式會比較好。

他不僅研究過英特爾的交棒布局，甚至還親自跟葛洛夫請教過做法。此後，張忠謀也果真照著葛洛夫的建議，但凡接班布局的決定，都在半年之前才宣布。

向通用董事長學選才　向葛洛夫學交棒

Q：最近《財星》（*Fortune*）雜誌有一期描述了當初威爾許宣布CEO人選之後，引發納狄利（Robert Nardelli）[19]反彈出走的故事。

A：我覺得威爾許這個交棒方式，並不是挺好的。據我了解，不只他（指納狄利）一個人，還有其他人也走了。對於CEO的人選，他們一直到最後都還有四、五個人在競爭，不要說宣布之後有人走，宣布前也已經有了很大的摩擦。這跟我們的經營理念——避免Politics（政治鬥爭），有點衝突。不見得好啦。

Q：所以交棒圈不能太大？

A：威爾許正式宣告要交棒的時間雖然並不太長，但他的交棒圈太大了，候選人太多了。而且這幾個競爭已經有好幾年了，不只是他宣布之後才開始競爭，而是因為大家都知道他要退休了，所以競爭就出現了。當然台積電跟GE不一樣，我們比GE小得多啦，所以我們的交棒圈應該是小得多啦。

我覺得想得廣一點，也不一定要有交棒圈，也可以廣徵人才。就像HP，由董事會

18 美國奇異公司董事長兼總執行長傑克・威爾許，花了六年五個月進行CEO選拔，讓二十二名候選人經過重重考驗，接班名單逐年減少為八人、四人，最後剩三人決賽。最終由伊梅特（Jeffrey Immelt）出線接班，並讓另兩位落選人在決策宣布一週內自奇異集團離職。

19 納狄利在二〇〇〇年落選後被Home Depot挖角，現任克萊斯勒CEO。另一位奇異飛機引擎公司時任總經理麥納利（James McNerney），離開奇異後先後出任3M及波音公司的董事長兼CEO。

組成了一個 recruting committee，選下一個 CEO。而上一任的董事長魯沛，則在裡面主其事，那麼對他也面子十足嘛，Carly（指時任 HP 執行長菲奧莉娜）也是他找來的嘛，這個徵才委員會所要找的 CEO，公司內的人會考慮，過程也就沒有那麼多不愉快。

其實領導人交棒的智慧之一，就是不要把事情都告訴別人！（笑）

Q：所以選擇人才也是很大一門學問？

A：我擔任通用器材公司的總經理，雇我的人是董事長，他 interview 的技巧，我後來都是模仿了；他 interview 我六次耶！每次至少一小時。有一、兩次長達三小時，而且都是在不同的場合，至少是三、四種場合，我記得兩次在辦公室，有一次在他家，有一次在一個鄉村俱樂部，一次在餐廳。還有一次跟董事會的董事兩人一起見我。

他問我的問題當然有重複，但是，他也是在不同的場合測驗我的反應。這種面談的技巧我覺得值得學，後來有些 interview 我也是像他這樣做了。普通的面談談了一、兩個小時就決定，我覺得毫無用處。

他另外一個地方，我也學了：他決定要請我之後，還做了 reference check。在美國這並不稀奇，可是通常都是打電話，他卻是跑到達拉斯找我在 TI 的老闆，這種技巧我後來是學了。

教父語錄

接班這種事情你不能很早宣布，也不能臨時宣布。很早宣布，你可能會很長時間變成一隻跛鴨；臨時宣布，人家會以為有什麼事情發生了。

分階段放手：CEO、董事長、董事

Q：你今年（二〇〇二年）七十一歲，有想過幾年後退休嗎？

A：很老實的說，我沒想過什麼時候退休。想退休的問題我想過，但多少年？我沒想過。這意思就是說，想過我遲早要退休的，但多少年不知道。關於退休的方式，我倒是想過。我會參考Intel的「老兵不死，只是凋零」的方式，不是一下子就退下，而是慢慢退。

像Gordon Moore是Intel兩任以前的CEO，當年（編按：一九八七年）他不當CEO以後，他還繼續擔任董事長，過了一陣子，又把董事長位置交出去，但還是當董事。一直到去年，他才連董事都不做了。Andrew Grove是Gordon Moore的下一任CEO，他也是如此，他將CEO交棒給Barrett，但是，現在連董事長位置都還沒交出去。這樣慢慢凋零的做法是比較好。

事實上，宣布（退休時間）這件事情啊，我不僅研究過Intel的作法，還親自跟Andrew Grove請教過。那是幾年前，就是他宣布交出CEO位置的那陣子，他跟我說：「這種事情你不能很早宣布，也不能臨時宣布。很早宣布，你可能會很長時間變成一隻跛鴨；臨時宣布，人家會以為有什麼事情發生了。所以，後來我是決定，半年之前才宣布。」我想想這也是滿有道理的。

Q：剛開始可能是什麼方式？會是集體領導嗎？

A：我覺得集體領導不好。集體領導不如直接交棒。假如要和諧的話，其實早點讓大家心裡面知道最可能的人選比較好。

Q：萬一交棒沒交好呢？

A：交棒沒交好，就再交嘛！老實說，在交棒時期，我還是不會一下子就不管事的，所以交棒也不會太離譜的。

（摘錄自《商業周刊》七六七期．20020801）

謀定而後動

——變奏▼第一次卸任執行長

二〇〇五年，張忠謀卸任台積電執行長，將鎂光燈和舞台給了培養近十年的蔡力行。此刻，台積電首度從過去的「單首長制」，變成「雙首長制」，張忠謀隱身幕後與執行長共治台積電。

第一次交出執行長位置將滿週年，張忠謀在二〇〇六年六月接受《商業周刊》專訪。訪談中，他提到一個CEO管理大組織的執行力，在於能不能把整個組織都最佳化，而非個別最佳化。當時的張忠謀認為，蔡力行做到了。

顯然，包括張忠謀自己，誰也沒料到，二〇〇九年他會親自回鍋掌舵。

台積電董事長張忠謀，交出執行長位置將滿一年。這一年內，他很不忙，一個月只去三次新竹，一次兩小時。過去，他是鎂光燈焦點，現在舞台全給培養近十年，最後勝出的接班人：蔡力行。

失去權力那刻不會捨不得嗎？他優雅的說：「我老早就把心情都釐清了，謀定而後動。」二〇〇六年六月一日這天，伴著菸斗白煙裊裊，張忠謀在台北十八樓的辦公室裡接受《商業周刊》專訪。以下是專訪摘要：

雙首長制與董事會的互動關係

Q：你是在何時有培育接班人計畫想法？

A：對一個新創公司，頭十年老實說是不太會想到接班。我是在九七、九八年想到接班人的事。

另外接班，也要談你到底是「雙首長制」還是「單首長制」。台灣習慣單首長制，但台灣也在改變。美國一直到十年前也多是單首長制，就是CEO制。到最近，美國也學歐洲的雙首長制（董事長與執行長）。

Q：何謂雙首長制？

A：只要董事長不兼 CEO 就是雙首長制。所以，台積電過去是單首長制，現在是雙首長制。假使單首長制都是一個人在管，就是自己胃跟腸、肺跟肝的關係，所以談接班，要有關係可談的就是因為是雙首長制。

Q：採雙首長制的公司，誰該負最後成敗？

A：經營的成敗主要是 CEO 或者 President（總裁）。那董事會拿來幹麼？

它至少有三個很重要的責任。第一個監督經理人，如果說監督可以是操守好不用監督，這句話就錯了。監督可以讓一個操守好的人繼續操守好。第二，就是 coach（教練），並不是 teach（教導）他。打籃球、足球教練打得不見得比球員好，但他有一套方法訓練隊員。第三個，必要時候董事會可以撤換 CEO，撤換在美國是家常便飯。

Q：意思是說，歐洲盛行的雙首長制的公司，董事會撤換執行長功能更被強化嗎？

A：在單首長制的公司（董事長兼 CEO），另外有一個 Lead director（領導董事）的制度，最近幾個例子，都是 Lead director 把 chairman（董事長）兼 CEO 撤換掉。可是不是每個董事會都可以做到，如果沒有一個 Lead director，你要撤換 chairman 兼 CEO，是不容易的。但歐洲比較容易撤換，因為歐洲是雙首長。

在美國這樣很尷尬的，因美國認為 Lead director 有權召集董事開會，但 Chairman 兼

CEO是可以不在場。Lead director不見得按照規矩，找幾個董事開會，這是起義嘛。但這並不是一個太好的事情。所以，美國很多公司也改成了雙首長制。

執行長是要讓「整個組織」最佳化

Q：為何最後讓蔡力行脫穎而出，成為你的接班人？在他還沒有完全獨當一面時，你觀察到他具備哪些領導人特質？

A：其實啊，一直升到COO，都還是要看執行力。執行力是對COO以及以下職級最重要的。要接班，你只能看到、最重要的就只有執行力。

當然你可以看他潛力。除了執行力外，一個CEO最需要的strategic ability（策略能力），這包括很多，包括洞察力、strategic planning（策略規畫）、strategic vision（願景）。這是一個CEO必須要有的，假設他沒有這個，他最多是一個守成的CEO，但這是在他升CEO前沒有辦法看到的，因為他沒有機會做，通常是CEO自己做了嘛。這是升一個接班人要冒的一個風險。

就像我今天早上才看到這個講執行能力的演講。這是一個朋友的演講，他說：「The performance of an organization depends much more on how well the parts of an

教父語錄

董事會監督經理人，如果說監督可以是操守好就不用監督，這句話就錯了。監督可以讓一個操守好的人，繼續操守好。

organization work together than on how they separately」，一個組織的績效依賴於整個組織的每個部分如何一起運作，而不是他們如何分開著做到最大。「If you optimize the performance of parts, you systematically suboptimize the performance of the whole」，這是說，如果要Rick（蔡力行）要在研發、業務、採購、人力資源分別都最佳化，那他只是會suboptimize（次等最佳化），使整個績效都降低。「Your job as a leader is to manage interaction with the parts, not the action of the parts」，這個是講執行力，管理一個大組織的執行力，看你能不能把整個組織都最佳化，而非個別最佳化。

我這段畫出來的東西（張忠謀在這份演講稿畫出上述重點），我寄給他看（指蔡力行），我現在覺得他做到了。

Q：所以，蔡力行勝出關鍵是因為執行力？

A：對，我想主要是執行力。曾繁城也是候選人之一，他執行力也滿好。此外年紀也還是一個因素（編按：蔡力行比曾繁城小七歲，比張忠謀小二十歲）。

Q：你在二〇〇二年接受本刊專訪談到交棒布局時，曾提到人選要想廣一點，也可以向外廣徵人才，一如HP由董事會組成「徵才委員會」，擴大找執行長的範圍到外部。現在，你的看法還是一樣嗎？

A：這是每個公司的option（選項），但不是一個好的option。像HP的Carly被批評，走時拿了一大筆錢，但奇異的前任CEO傑克·威爾許替她辯護，認為這筆錢是事先談好的，是該拿的。因她離開朗訊加入HP風險很大。忽然被挖角，當然需要一點保障。HP假使自己培養接班人，就不用找外面人，花那種錢，這就是威爾許的重點。過失是在HP董事會，若有培養接班人，不但沒遣散金問題，根本不需要花那麼多錢去挖。挖她就是五千萬美元，遣散她又要二千八百萬美元。

接班人最好先歷練多個核心部門

Q：蔡力行在成為執行長候選人到正式接掌執行長之間，歷練過不少部門，這安排有特別的意思嗎？

A：台積電是功能導向。業務是業務、RD（研發）是RD。他假如只留在某個功能就只學會那個功能。台積電有兩個心臟，一個是operation（營運）、一個是sale（業務）。所以任何接班人這兩個功能一定要經歷過。

Q：所以說，每家公司該先確定自己的心臟部門，再進行輪調。同時，沒有建立公司輪調的話，是不可能談接班人計畫？

教父語錄

Coach（教練），並不是 teach（教導）他。打籃球、足球，教練打得不見得比球員好，但他有一套方法訓練隊員。

A：當然也可以談，只是我覺得有輪調制度是好得多，這不是只是我的理論。以高盛為例，它有輪調制度，美國到歐洲、歐洲到日本調來調去，絕大部分的人調到後來是升不上去。我們台積電並不是國與國調來調去，而是功能調來調去。

Q：你培養台積電接班人近十年，是本來就想到要花十年時間？

A：你說需不需要十年才能培養一個接班人，我的答案是不。老實說你在台灣問接班的問題，很複雜的。在我心中已經想這麼久了，不是這麼多的情感，很早就釐清了。還有你要定義接班。接班是完全 CEO 權力放給他，還是位置、職稱給他而已，這就是一個大問題。接班像威爾許、貝瑞特，就是走以後權力都給新的人，那才是接班，才是真正接班的意義。如果你只是職稱給他，那你還是垂簾聽政，那沒有用。

Q：所以台灣的接班很不成熟嗎？

A：很不成熟。

Q：這會是台灣企業很大的危機？

A：是啊，不過不會是唯一危機啊。（笑）

Q：你剛說的，真正的接班是要權力下放，但外界對於蔡力行還是有很多決策權必須經你手的說法，你同意嗎？

A：沒有，誰說的！（聲音變嚴峻）我告訴你喔，我每星期只去新竹一次。我可以讓你看行程。通常兩個小時跟 Rick。我對他的關係是主要有三個權利，the right to be consulted、the right to encourage and the right to warn（備詢、鼓勵與警告提醒）。

每週用兩小時會議輔助執行長

Q：兩個小時報告什麼呢？

A：有一個禮拜是看財務像 balance sheet（資產負債表）、debt（負債）等，再有一個小時我現在是稱為 legislation watch（法令監管），例如分紅費用化等。那另一個禮拜，又是兩個小時跟 Rick 談 strategic issue（策略性議題）。這是主要 Rick、Jason（時任台積電企業發展處副總陳俊聖）統統在。第三個禮拜，兩個小時又跟 Rick，另外還有看 capital（資金）。另外每一季會有兩個禮拜在董事會之前，兩天討論董事會議程。

Q：本來執行長兼任董事長要開的會？

A：都不開了。我剛剛講的那幾個會議，在我當董事長兼執行長時，除了 agenda meeting（例行會議）外，統統沒有。過去董事長兼執行長時什麼事情都瞭如指掌。

Q：所以現在比較不了如指掌了？

A：對。（笑）

Q：卸任快滿一年，卸任那刻覺得惆悵嗎？

A：我老早就把心情都釐清了，我是謀定而後動。就是自己的感情要有準備，如果你是忽然想起來做，當然會後悔。

Q：你的會議減少了，只有原先的五分之一，是否也意謂工作時間減少了？

A：這看你定義何種叫工作，我做 serious reading（深度閱讀）時間絕對沒減少，我沒有每天會議，也沒資料可想，倒是增加策略指導。

Q：十年後假設執行長也要交棒，他要再重新摸索嗎？台積電的接班制度如何傳承？

A：這個接班人不是只有一個人的事情，在蔡力行這個案也不是我一個人決定，是董事會決定。當然董事長領導董事會，但並不指揮董事會。如果要留下一個 legacy（傳承），建立制度一定很重要。在這點我是不遺餘力。不過，人事其實很複雜，公司治理也是如此，管理就是人的事情，絕對不是你好像可以照一個公式，所以建立制度，還是有變化性。

（摘錄自《商業周刊》九六九期，20060615）

摸著石頭過河

——首部曲▼三位共同營運長形成接班梯隊

二〇〇五年，張忠謀欽點的接班人蔡力行，一度扛起執行長大位。不到四年，老帥回鍋掌舵，把台積電推上另一個高峰。然而舞台的中央，拿著指揮棒的，卻只有張忠謀一人。

蔡力行事件後，台積電的接班計畫跟著沉寂，突然在二〇一二年三月再次啟動，將三位資深副總蔣尚義、劉德音、魏哲家，拔升為共同營運長。《商業周刊》在新接班計畫啟動的第二天專訪張忠謀。訪談中，他首次承認，指定三位營運長的接班計畫仍是在「摸著石頭過河」的階段。

在台積電的王國中，二〇一二年無疑是相當風光的時刻。

在台灣，台積電不僅曾是最賺錢的企業，年營收更再創新高；以全球的視野來看，IBM、三星這些世界一級企業，在晶圓代工這行，都不是它的對手；論聲望，董事長張忠謀民間領導人的地位，在代表總統參加過幾次APEC會議之後，幾乎無人望其項背。

如果，以國家比喻企業，現在，就是台積電盛世，歲數超過八旬的張忠謀，就是這個市值兩兆[20]王國的國王。這個集所有光環於一身的晶圓王朝，四分之一世紀以來，卻一直有一個解決不了的難題：接班人。

其實，「接班」絕對不是台積電一家公司的難題，所有台灣企業都沒有找到答案。台塑集團創辦人王永慶沒答案，工作到人生的最後一天；鴻海董事長郭台銘沒答案，鴻海交棒計畫，仍是霧裡看花。將軍羽翼再豐，終究有凋零的一天，企業基業要長，就必須讓領導的香火一棒、一棒傳下去。如果有一個台灣旗艦企業掌舵者能順利交棒，無疑是為台灣企業傳承，樹立了新的典範。

蔡力行事件後，台積電的接班計畫沉寂了近三年，突然在二〇一二年三月二日，再次

---

[20] 二〇一二年二月底，市值約為二・八兆。

啟動。這天，台積電公告，臨時董事會已經決定了下一階段的接班計畫。這次沒有指定單一的接班人，而是將三位資深副總蔣尚義、劉德音、魏哲家，拔升為共同營運長，並分別用六個月的時間，輪調研發、生產及客戶三個單位，培養執行長的視野及高度，未來再視狀況，挑選執行長人選。

這臨時的舉動，引起外界譁然：集體領導，會不會落入多頭馬車、群龍無首的窘境？甚至更紛紛揣測，是否老師的健康發生了狀況？才會以這種臨時的方式，公布接班計畫。

為了釋疑，三月五日，台積電召開臨時記者會，張忠謀好整以暇站在大家面前，堅持交棒時間未到：「我有兩根棒子，一根董事長棒子，我不交；CEO的棒子，序曲都還沒唱。」並連續強調三次，如果有狀況，「我一定會介入。」記者會雖讓健康問題疑慮消失，但外界對於這個台灣最大企業的接班，還是充滿疑問。

《商業周刊》團隊，在完全交棒接班計畫啟動的第二天，踏進了台積電位於新竹十二廠的總部，原本在張忠謀辦公室斜對面的蔡力行辦公室已經開始一拆為二，未來將讓給新任共同營運長魏哲家及劉德音使用。訪談中，這位半導體教父，首次承認指定三位營運長的接班計畫是「摸著石頭過河」，可能視情況改變，同時也沒否認，這樣的安排，有弭平公司各派系的考量。

依各人強弱項　創造最佳治理模式

Q：這次接班人培養計畫，是怎麼醞釀出來的？

A：三個因素，產業、公司、人，我們現在的競爭者是跟三年以前完全換了，三年以前，我們的競爭者是聯電，現在是三星，英特爾則是間接的競爭者。

公司部分，這公司是我創辦的，我們這樣二十幾年的歷史，強處在什麼地方，我們的弱點又在什麼地方，這個我也最知道。人，大部分副總以上（的人），這二十幾人的長處弱點，我也都相當知道，有了這樣的基礎啊，能夠創造出一個最好的治理方式。

Q：為什麼共治是一個最好的治理方式？外界有「三個和尚挑水沒水喝」的疑慮，要怎麼避免風險？

A：我現在不想直接答覆你。

Q：三個人共治等於最後沒有人負責？

A：我也舉了幾個例哦，事實上現在甲骨文也是一個 Co-president（共同治理）的做法，另外一個例子就是高盛，不但是 Co-CEO，而且是兩人在一個辦公室裡頭。

Q：這個共治模式在國內是首創，風險是什麼，應該有什麼配套？

A：我也講一句鄧小平的話，摸著石頭過河。

Q：河的對岸是什麼光景？

A：我希望他們是兩、三個人，也不排除一個人就做CEO。你剛才也說了，什麼三個和尚嘛，我昨天也解答了這個問題，（他們上頭）還有一個董事長嘛。

Q：台積電怎麼定位董事長、執行長、營運長？

A：在台積電，董事長是最高的。董事長對外代表公司，對內，主導董事會。對外是所有的外面哦，客戶、股東、社會當然是外面；對內，董事會是公司最高決策機關。董事長絕對是公司的最高權力。

Q：六個月的輪調期裡，三個營運長的關鍵績效指標（KPI）是什麼？

A：他們三人都是同樣的KPI，就是公司表現。不一定量化；有的是量化，比如說盈餘，**sales**（銷售）這個是我們有**plan**（計畫）的，可以用量化，可是什麼未來的**R&D project**（研發計畫），進度是不是如我們預期或是超過我們預期……。

Q：所以他們的KPI都一樣？

A：三個人也不一定完全是一個KPI，可是三個人一定是一樣的分紅，所謂KPI嘛，我剛剛只是講了一個公司的盈餘，那個是共同的嘛。

我現在是分成三個 block（區塊），如果有一個進度不夠，另外兩個人知道，我也知道，那我們就要馬上去幫他，幫這個人的忙，沒有各自的，我已經講過了，三個人都拿一樣的分紅。

Q：但權責若不夠清楚，很容易有搭便車的問題，這是人性。

A：這樣子啊，假如三個人裡面有人打混的話，人性啊，那我也有我的人性啊。假如這樣子的話，那三個人可能裡面有人明天就不是營運長。

Q：為什麼是六個月輪調，不是一年？六個月不能有更長遠的策略規畫，預算、人事都無法更動。

A：不是，不是這個意思，六個月只是大概，也可以是三個月，也可以多一點，一年也可以。我是覺得我要把這種派系啊，把它……（做出砍掉手勢，一旁的企業訊息處長孫又文補充解釋為「消弭」）。你說人性什麼，你幾乎這麼多年都在一個領域裡，難免好像這個是我管的。好，我現在讓你到別的地方去管理。

Q：打破諸侯割據？

A：對。

智力與經驗　六十歲才是黃金期

Q：三位營運長歷練後都超過六十歲，當初有考量這點？

A：我當然有考慮這個因素。我是覺得六十歲是黃金時代的開始，六十歲是事業，黃金事業的開始。

Q：但國際管理研究顯示，接任執行長的最佳年紀是四十六到五十二歲，這時正處於巔峰，接任後至少可有十年的作為？

A：我是以自己為例，我的黃金時代是六十歲才開始。

Q：可是一般人體力大概五十歲就開始走下坡了？

A：不見得吧，假如你說的是吊單槓的那個體力，那可能不行，但一般我們講的這個體力，是智力，包含從經驗裡頭學到的東西，這我覺得並不是五十歲是黃金時代，六十歲才是黃金時代。

Q：可是國際一流企業的執行長，多半四、五十歲就接班，就像威爾許接班時也只有四十六歲。

A：所以他們 turn over（汰換）很快。

智力，包含從經驗裡頭學到的東西，這我覺得並不是五十歲是黃金時代，六十歲才是黃金時代。

Q：未來共同營運長有必要進入董事會歷練嗎？

A：沒有必要，甚至以後的CEO都不一定。二十年前CEO是董事會的當然成員，甚至美國七、八成的公司都是董事長兼CEO，現在大約還有一半。

Q：需要三位營運長，是因為合力才能接下你的擔子嗎？

A：也對，但並非我是什麼了不起的人，而是接創辦人的棒子總是很困難，除非公司不成功。但如果這家公司很成功，對那個接的人是不fair（公平）的。

Q：台灣很多企業都面臨同樣問題，創辦人打下的江山太大了，沒人扛得起來。

A：所以，我創了一個模式，大家可以參考。

Q：你未來最大的挑戰是什麼？找接班人是你很重要的任務嗎？

A：當然是很重要的，但不是Top 1（第一順位），因為我覺得我現在還做董事長，最重要的是把公司現在做好、把未來的基礎打好。找接班人也重要，可是假如我把基礎打好，找接班人就比較容易。

Q：台積電制度相對完善，又有一個獨特的商業模式基礎，難道還不夠好？

A：不對。一個人表現的水準，通常是競爭者訂的。這就是為什麼在一個沒有強手的競爭環境裡，培養不出傑出的人。競爭者改變了，台積電需要的能力比過去還要高。

執行長若有默契　我不會太不捨

Q：這次共治模式的產生，獨立董事扮演怎樣的角色？

A：我們的董事會是兩整天，前一晚我跟獨立董事有個 working dinner（工作晚餐）。許多人事評估的問題會在裡頭討論，對董事長假如有批評或建議，也在那時候。

Q：他們曾經有過什麼指教？

A：當然，他們曾問我，要是我忽然心臟病或是中風，怎麼辦？我就講，第一件事情就是挑選 CEO；他們再問，應該是誰？我說，這應該你們決定。所以接班這個制度並不是我一個人在想，董事會有很重要的角色，尤其是獨立董事。

Q：這跟台灣企業的狀況很不一樣？

A：對，我知道啊！我知道台灣的獨立董事是怎麼一回事。

Q：真的要卸任執行長時，會不捨嗎？

A：我想大概會有不捨。但我是董事長的話，是公司最高的權力，假如有一個執行長跟我有很好的默契，我想我不會太不捨。

其實這又是一位獨立董事給我的勸告，他說你到最後，也就是幾乎要死的時候，你回

教父語錄

在一個沒有強手的競爭環境裡，培養不出傑出的人。競爭者改變了，台積電需要的能力比過去還要高。

憶一生，不會想到你把TSMC做這麼大，而是想到你交棒的那個人是不是符合你的期望。

Q：你希望未來世人如何評價你，那一句話會是什麼？

A：（放下菸斗，側身望向窗外沉思）去年IEEE（電機電子工程師學會）頒獎給我時說，我創造了這個專業晶圓代工的營運模式，同時也是Fabless（無晶圓廠，指IC設計公司）的觸媒劑。不過波特（Michael Porter）講得更好，他說我開創了台積電，也創造了客戶。

Q：你強調不會交出董事長的棒子，何時會想退休？

A：當然有各種因素，我自己的健康是一個，還有，假如我當董事長還是要花很多時間，即使我的健康允許，我也想做別的事情。比如說我自傳下冊都還沒寫，旅遊我也滿喜歡的，還有橋牌以及閱讀。

接班人不會跟我「英雄所見不同」

Q：你的辦公室緊鄰著共同營運長的辦公室，會特別安排交流活動嗎？

A：我已經決定了，他們三個人都是open door policy（敞門政策），除非你有私人對話；我的辦公室也是一樣，甚至吃飯時也是。

Q：這次人才培養計畫有沒有可能三人都不合適？

A：你是說這三個人都沒能跟我「英雄所見略同」嗎？不會的，我可以保險這不會的，百分之一百保險。

Q：資深副總蔣尚義二〇〇六年一度退休，現在他想法如何？

A：我的確跟他討論過，他也是摸著石頭過河，什麼時候退休，我想他現在已經沒有時間表。

Q：你覺得尋找接班人是挑戰嗎？

A：我覺得競爭者，是挑戰；技術的難題，是挑戰；一個不肯在我們這邊買東西的客戶，是挑戰。但接班人我覺得是比較容易的，不是挑戰。

Q：你希望下一任執行長任職十年還是二十年？

A：沒辦法確定，我也不會給自己這樣的設限。你知道現在公司的CEO，平均壽命只有五年，十五年前這個數字還有七年。在我壯年時，美國大公司的CEO至少可以做十年。

你如果有興趣，我可以說一說CEO的歷史。這名詞其實是美國的產物，第一個商業的CEO，是美國開國元勳漢彌爾頓在十九世紀初期時提出的，美國憲法中稱呼美國總統為Chief Executive。漢彌爾頓把自己銀行找來的專業經理人，多加了officer，成了今天的CEO。

過去CEO是只有美國才有的職務，而且權力大於一切，中文翻譯「執行長」是不對的，聽起來好像只有執行，但CEO跟COO最大的區別，是CEO管策略，COO才是執行。

Q：如果用一到一百，來量化你這次交棒的決心，會是多少？

A：那個決心沒有一百。但是不要只用數字來看事情。

（摘錄自《商業周刊》一二六八期．20120308）

「器識」決勝
——二部曲▼共同執行長進入接棒區

二〇一三年十一月，劉德音及魏哲家升任總經理暨共同執行長。「三人共治」的集體領導模式，對已經二次交棒的張忠謀來說，是一場不能出差錯的接班大計。在他的接班藍圖裡，董事長是對政府、社會的最高代表，公司決策最後把關者；執行長則是對客戶、生意夥伴、供應商的最高代表，向董事會報告。

在此篇專訪中，當時劉、魏兩人被張忠謀評為，「七成像工程師，只有三成像執行長。」甚至不諱言，要是兩人表現不如預期，可能從國外另覓人才。所幸兩人終不負眾望。

台股市值第一大的巨人台積電，正式進入接班期。董事長張忠謀準備挑戰一個台灣科技業史上首見的雙執行長接班計畫，在二〇一三年十一月正式宣布執行長交棒，由劉德音與魏哲家接任 Co-CEO，以分工合作的方式與張忠謀共同領導台積電，並同時直接向張忠謀負責。

「三人共治」的集體領導模式，對已經二次交棒的張忠謀來說，是一場不能出差錯的接班大計。他將這次的交棒規畫為三部曲，交出執行長棒子，只是第二階段，他還是位會管事（Hands on）的董事長。

被張忠謀評為，七成像工程師，只有三成像執行長的劉德音與魏哲家，就像進入「董事長決選戰」，由張忠謀親任評審，未來誰能勝出？關鍵在「器識」。他不諱言，要是兩人「器識」的培養程度不如預期，可能從美國找來戰後嬰兒潮一代的退休 CEO。屆時由三位執行長共治，共同角逐台積電董事長寶座。以下，為專訪紀要：

台積電這規模　不能一個人領導

Q：你曾說共同營運長制度是摸著石頭過河，現在河跟石頭的狀況比較清楚了嗎？

A：三個 Co-COO 是創舉嗎？我覺得這不是什麼偉大的創新。我覺得像台積電這樣規模的公司，不能一個人領導，即使在三個Co-COO之前，我也可以說是集團領導。雖然往往有分歧意見，我是做最後決定，這個一直如此，以後也會如此。

事實上，蔣尚義二〇〇九年回來以後，我們就有**understanding**（共識），他會跟我做CEO同進退。我今年年初就開始跟蔣尚義規畫（退休與交棒時程），因為我不要在宣布兩位Co-CEO的同時，宣布他（蔣尚義）退休，這樣好像他被淘汰了，事實上絕對不是如此。

Q：**Co-CEO**這個想法是你預想中的第一選擇（**first choice**）嗎？

A：四年前我就覺得不會是一個，（現在）只是交棒過程的第二步。第一步是去年（二〇一一年）三月的Co-COO，第二步是現在兩個Co-CEO，第三步，十年以內（董事長交棒）。

Q：不過台積電前陣子剛改變章程，六十七歲應該屆齡退休，現在接棒的兩位執行長會不會有點接近退休年齡？

A：可是假如是董事的話，就可以不必在這（規定）裡面，他們現在還不是董事。

Q：有規畫讓他們進董事會嗎？

A：（目前）沒有規畫[21]。

教父語錄

CEO 的器識 1：對於競爭者，我們是可畏的競爭者；對於客戶，我們是可靠的供應商；對供應商，我們是合作夥伴。

Q：那兩位共同執行長現在會不會感覺好像才接棒，又要交棒？

A：我不認為是這樣。現在通常 CEO 的壽命，只是五、六年左右。拿美國來做比較，假如一個公司規定六十二歲 CEO 要退休，像 IBM、Intel 都有這樣的規定。那在這個年齡之前的五年、七年，任命他們做 CEO，一點不稀奇。現在（劉德音與魏哲家）六十、六十一（歲）剛好在這區間，還有六、七年，而且很可能他們六十幾歲當董事了，就可以不受這個限制。

Q：你說過未來不排斥有第三位 CEO，並且人選可能從美國找，為什麼？

A：這個是備案，因為我講過，台積電現在的領導是三個人，未來也可能是兩個人，我也非常的 expect（期待）這兩個人。假如未來是兩個人嘛，就是他們兩個，備案就是，如果是三個人，他們也會是這三個人裡頭的兩個，可是第三個人嘛，可能就是美國（戰後）嬰兒潮，現在退休的人。

Q：你是說假如有什麼樣的狀況發生，會啟動備案？

A：引入第三人就是備案，Do Something，並不是什麼事情發生，而是假如那兩位

21 兩人已於二〇一七年加入台積電董事會。

不能夠完全培養出「器識」。（笑）

Q：Co-COO變成Co-CEO之後，業務職掌有什麼調整？

A：現在Specialty technology（特殊製程）的R&D已經是C.C.魏（魏哲家）掌管，advanced（先進製程）的還是我自己在管，但我想是短期的，未來幾個月或半年之內，我會轉給他們兩位的其中一位。蔣尚義以前有管IP跟purchasing（採購），現在歸劉德音管，HR現在歸C.C.魏管，這些都是滿重要的部門。

還有一個我覺得是姿態的調整，這是滿大的轉變，現在還是進行式。他們兩位（劉德音與魏哲家）都是工程師出身，可是現在做Co-CEO，要有「器識」，最後的一步，就是十年以內，培養「器識」。

修練領導人「器識」的基本功

Q：要有「器識」才會成為CEO，請問「器識」如何培養？

A：CEO的「器識」就是要領導我們已經建立的公司。

對於競爭者，我們是可畏的競爭者；對於客戶，我們是可靠的供應商；對供應商，我們是合作夥伴。對股東，我們有好的投資報酬；對員工，我們提供優質、有挑戰性的工

CEO 的器識 2：對股東，我們有好的投資報酬；對員工，我們提供優質、有挑戰性的工作；對社會，我們是好的社會公民。

作；對社會，我們是好的社會公民。

我認為做到這樣，也就是世界級的公司。未來的領導者，董事長跟 CEO，兩個（人）或者是三個（人）在一起，他們要能夠繼續領導這樣的一個公司。

Q：好的 CEO 的「器識」要怎麼判斷跟修練？

A：比方說法人說明會，美國所謂的 Conference Call（法說會）都有 Transcript（紀錄），主要客戶的法說會紀錄，或競爭者的（紀錄），我通常都要負責的人寫 Summary（結論），所以我每一季收到十幾個這種東西，結論再附上客戶法說會紀錄，我也以此來評估寫結論的人，看他寫得好不好，我要 Co-CEO 他們一定要（寫）。

Q：那公事以外的能力要如何培養？

A：英文 magazine（雜誌）、中文 magazine，常常有無論是同業或別的大公司的報導或分析，這也要看，《*The Wall Street Journal*》（華爾街日報）我建議他們（要看），我是《華爾街日報》跟《*The New York Times*》（紐約時報）一個禮拜大概有四、五天是看的。《*The Economist*》（經濟學人）也滿重要，當然台灣的也看，包括《商業周刊》。

Q：記得上一次你們意見不合的狀況是怎麼樣？

A：當然有嘍，可是意見不合的時候，因為只有三個人，他們兩位也相當尊重我，所以我總是給相當時間，一次、兩次討論，假如還是不合，我還是做主。

Q：兩個執行長對董事會負責，假如未來有狀況，到底是兩位中的哪一位要向董事長負責？而又是誰對外負責？

A：其實台灣的公司法以及台積電的公司章程之下，董事長是公司負責人，可以處理任何公司業務，權力在他手上，但是可以授權給執行長。

公司假如出什麼事還是我負責。至於我找誰扣他的紅利，那要看事情是怎麼樣。

隨時檢討表現　股價也列入KPI

Q：現在會固定和兩位執行長見面嗎？

A：兩個CEO就在旁邊啊，一天見他們幾次，每個禮拜有兩小時正式的會。我隨時跟他們討論表現，不等一年，至於給他們發紅，是每季，假如檢討他們，我是隨時。

Q：去年宣布Co-COO接班計畫之後，三星今年上任三位CEO，Intel最近也換CEO，你覺得台積電集體領導的交棒，跟這兩個主要對手的交棒計畫，有什麼不一樣？

A：我想各有各的原因，我二〇〇九年時的計畫就是這樣，三年到五年（交執行長棒）。Intel我相信現在是面臨危機，我想換CEO是提早換。三星我覺得是按部就班，主要就是兒子（接班）嘛，我想兒子生出來的時候就已經確定了（笑）。

Q：這次兩位Co-CEO上任，股價會是他們的KPI嗎？

A：股價一定是董事長跟CEO的KPI，當然也要考慮大環境、同業的表現。

Q：董事長領導台積電這麼久，大家認為好像有「張忠謀溢價」，你認為真有「Morris Premium」嗎？

A：我不認為。也許有Morris Premium，我認為都是講講，我不知道（笑）。

Q：請問董事長還會出席下一次的法說會嗎？

A：我還沒決定，因為法說會只是對外溝通，不一定我出面，甚至不一定Co-CEO出面，也可以是財務長。

Q：但大家都認為董事長是台積電的Icon（象徵），期待在法說會看到你。

A：謝謝你的建議，我會考慮（笑）。

（摘錄自《商業周刊》一三六一期．20131219）

給台灣下一輪經濟的備忘錄

——終章▼雙首長新組合上路

二〇一七年十月，在張忠謀宣布交棒給劉德音與魏哲家的六十七個小時後，《商業周刊》採訪團隊踏進台積電竹科總部的辦公室。

採訪過程中，張忠謀除了解釋台積電「雙首長制」的運作，更揭露他為什麼在一年內四度以「成長與創新」為題公開演講，背後的憂慮。

對於中國市場對台灣科技業的挑戰，以及台灣經濟成長的停滯，他語重心長表示，企業固然要注重創新，更該注重成長。企業以自動化簡化工作、提高效率，一樣可以降低成本、增加附加價值，但不要降低薪酬。

二〇一七年十月五日上午九點，《商業周刊》採訪團隊踏進張忠謀位於台積電竹科總部的辦公室。張忠謀辦公室牆上，掛著妻子張淑芬的畫作；電腦顯示著股市行情，呼應他曾說過的，「股價是台積電董事長跟CEO的KPI。」

一如以往，張忠謀在他約十坪大的辦公室裡，從容的叼著菸斗，徐徐解釋未來台積電「雙首長制」的運作，並首度揭露他近一年來四度以「成長與創新」為題公開演講，背後的憂慮，以及中國市場對台灣科技業的挑戰。

這場談話，就像是他給台灣再創下一輪經濟盛世的備忘錄。以下為專訪摘要：

台積電的雙首長制　是「分工」非「共治」

Q：您為台積電建立「雙首長」制度，成功的關鍵是什麼？

A：在美國，三十年前，只有二、三十個百分比（的企業），是執行長跟董事長分開，可是這三十年有相當大改變。現在美國S&P五百有一半以上的公司，董事長是董事長，CEO是CEO。

其實，所謂雙首長制並不是兩個人共治哦，是分工合作。

Q：記者會上，您說董事長是公司決策最後的負責者，總裁負責營運？

A：沒那麼簡單。董事長對政府、社會，是最高代表，可是其實公司最常接觸的是客戶，對客戶、對我們的生意夥伴，還有對供應商，CEO是公司最高代表。

Q：目前的制度下，未來兩人如何清楚分工？

A：重要的決策，你說董事長是最後把關者？也不是那麼簡單。很多決策是CEO要做，在好的公司，包括我們自己，重要的決定是資本支出。我們一年差不多一百億美元（的資本支出），至少（拆成）四、五十筆，統統要董事會通過，副總以上的人事任命也要董事會通過。

所以說董事長領導董事會，把董事長稱為公司決策最後把關者，可他不是一天到晚看著CEO把關，是每一季開一次董事會。當然，（也不是）董事長說不行，他（總裁）只好不講話了，而是萬一董事長說不行，那總裁是對董事會報告。

我們的董事會就如我記者會說的，相當專業，尤其是獨立董事。

Q：健全的董事會是台積電雙首長制可以成功的關鍵？

A：這只是關鍵之一，大部分要看總裁跟董事長的能力跟character（人格），（加上）健全的董事會，最終還要靠董事長跟總裁下面許多人的能力、人格及努力。

Q：總裁如果跟董事長意見不一樣時，可以上訴到董事會嗎？

A：在一個好的公司裡頭，這種事不太發生。總裁跟董事長都是專職，一天到晚見面，不太可能要等到三個月開一次董事會，跑到董事會前面（解決歧見），假如這樣，老實說這公司做不下去。這跟你們台灣人習慣的政治鬥爭很不一樣（哄堂大笑）。

Q：但從政治上的例子，雙首長制度時常運作不順暢，您會擔心嗎？

A：我的雙首長，主要還是美國的公司制度，不過很不幸，也許我不該把中文翻譯成雙首長，一想到雙首長，大家就好像「嗚嗚嗚」（雙手舉高呼喊，比擬群眾對政治的興奮狂熱）。我主要看國際企業，我不看台灣的政治。

進中國市場　用合約來定義雙方關係

Q：中國崛起，對台灣科技業是機會大於威脅嗎？

A：假如能合作，是機會大於威脅，可是這好像是很難的事，因為政經綁在一起。

Q：所以如果不能合作的話？

A：那就是要競爭啦，競爭總是會有壓力。

Q：中國市場常常有檯面下的競爭，所謂潛規則，碰上這種狀況該如何解決？

A：我們到那邊設廠，跟他們的政府建立了透明的關係，我並不預見會有什麼問題。

Q：您認為中國跟其他市場，可以類比為相同的市場競爭態勢嗎？

A：不一樣啊，其實每個市場都不一樣，不要以為這個世界（中國以外）別的市場都是自由市場，也不見得。歐洲市場跟美國市場就有點不一樣，中國是更不一樣。

Q：正因為中國市場非常不同，為了做生意，可能會面臨道德上的兩難，會不會擔心挑戰到台積電的誠信原則？

A：誠信我想是universal（普世）的，大家都說誠信。問題是要互相了解，你的誠信是什麼，我的誠信是（什麼）。假如要有商業關係，或任何關係，總要有互信，不能夠只講誠信，因為每個人的誠信可能不一樣，所以要define（定義）誠信。我們是以contract（合約）來define我們（與中國市場）的關係。這個不但在中國這樣，在別的地方也是這樣。

降成本別降薪酬　應提升附值及創新

Q：您近一年四度以「成長與創新」為題演講，是看見台灣社會什麼問題嗎？

A：蔡（英文）總統相當注重創新，創新固然要注重，可是成長更要注重。而且創新也不能你要它，它就來的，假如很快的要創新，常常會揠苗助長。

教父語錄

創新固然要注重，可是成長更要注重。而且創新也不能你要它，它就來的，假如很快的要創新，常常會揠苗助長。

Q：您提倡的「附加價值」，也就是利潤的成長？

A：成長常常被誤會，（以為）是公司營收成長。其實是要附加價值成長，這是我的重點。第二個被誤會的，好像一定要創新才能成長，你多加了人力、資本，也可以成長。比方美國戰後嬰兒潮，也是人力的增加，還有女性就業，這不一定有創新，只是人力及資本投入，就可以成長。

Q：但台灣當前人口紅利逐漸減少，資本也不活絡，該怎麼辦？

A：人口紅利的確減少，資本其實很充沛，但老實說有「五缺六失」[22]，缺乏創新當然是問題，創新是成長的捷徑，最好最聰明的辦法。缺乏創新，投資意願也相對低。

Q：政府要促進附加價值成長，應該解決五缺六失問題？

A：五缺六失之外，當然還有政府的 government regulation（管制）這種問題，例如金融界。Monetary policy（貨幣政策）也都跟經濟成長有關。

Q：許多台灣企業用降低人力成本的方式提升獲利、追求成長，面對這樣的狀況，該

[22] 五缺指缺水、電、土地、勞工、人才；六失為政府失能、社會失序、國會失職、經濟失調、世代失落、國家失去總體目標。出自《二〇一五全國工業總會白皮書》。

怎麼辦？

A：這當然不是很好的辦法。（可以）降低成本，（但）你不要降低薪酬嘛，可以用別的方法，比方說自動化、把工作簡化、把組織效率提高，這也是降低成本的方法，也可以增加附加價值。當然創新會是更好的辦法。

舉個例子，比方說 Elizabeth（台積電企業訊息處資深處長孫又文），她負責投資者關係、公共關係，（部門）一共只有八個人。老實說十年前，她有十幾個人，十年前我們只有一百億美元營收，現在我們有三百億（美元）營收，她的人力減少，可是每個人拿到的酬報增加了。

摩爾定律已結束　半導體業難有新商業模式

Q：您認為創新對於附加價值的成長而言，依然很重要，那未來十年，半導體產業還可能有商業模式創新嗎？

A：我認為不太可能。其實半導體業從一九五二年開始，到現在已六十五年，唯一重要的、有破壞性的商業模式創新，就是 foundry（晶圓代工）模式。

Q：那未來半導體產業，還會有哪一些創新或變革，例如材料上的創新？

A：那種會有，老實說一直都有。

Q：那這會造成「典範轉移」嗎？

A：我想……大概不會。二十年以後，也許會有很新的東西，可是，現在還沒看到。

Q：那未來的十年，會看見摩爾定律的結束嗎？

A：摩爾定律已經結束，摩爾定律是有時間的一個因素在裡頭，就是每一年半或兩年，（同樣面積晶片上的電晶體）會翻倍。那已經無效了，最近兩代已經是三年、四年。從時間的觀點來說，摩爾定律已經結束，可是從另外的觀點，density（電晶體密度）還是會增加，十年內不會結束。

（摘錄自《商業周刊》一五六一期．20171012）

未來十年　三大挑戰
——尾聲▼中國市場、三奈米製程、摩爾定律

二〇一七年十月，中國南京江北新區，台積電的十二吋晶圓廠已接近完工，生產設備陸續進廠。台灣這一頭，預計二〇一九年開始試產的五奈米製程台南新廠，也已悄悄動工。目前，台積電在全球晶圓代工產業的市占率近六成，站上了世界頂峰。但半導體一向是個高度動態競爭的產業，台積電面對的是一刻也不能鬆懈的戰爭。

南京與台南兩個現場，代表著台積電未來五到十年重要的「中國市場、三奈米製程、摩爾定律」三大挑戰。而這，也是張忠謀退休之前，亟欲為接班人打通的關卡。

二〇一七年九月底，陰雨天的中國南京，就在台積電董事長張忠謀宣布交棒的前一週，《商業周刊》採訪團隊跨越長江大橋，到距離市區約一小時車程的長江北岸。這片「江北新區」過去罕有人煙，如今雖被政府規畫為浦口經濟開發區，但除了少數建物，一眼望去，多半仍是待整建的平地。

園區內最顯眼的建築，便是由一大一小如太空站般的建築、夾著長方形樓房的台積電南京十二吋廠。廠區目前完工約八成，開始收尾工程，門口周遭已三三兩兩的停放著貨櫃車，將廠內需要的機台、設備進廠，門外站滿了工作人員與保全，隨時注意來車，嚴防一絲機密外洩。與此同時，台南南科園區內，預計二〇一九年開始試產的五奈米製程新廠，省去了張燈結綵的動土典禮，四周拉起兩、三公尺高的圍籬，怪手、推土機等已在裡頭作業，悄悄動工。

南京與台南兩個現場，正代表著台積電未來五到十年重要的「中國市場、三奈米製程、摩爾定律」三大挑戰。而這，也是張忠謀退休之前，亟欲為接班人打通的關卡。

台積電在國際競爭態勢　相對樂觀

張忠謀自言，八年前，當時台積電的對手還是聯電，但到了二〇一二年後，對手已經變成了英特爾、三星等國際巨擘。

而如今，論製程，台積電最先進的七奈米製程量產時程，將有機會首度超越英特爾，並也領先三星約一季。「很多人都說，超越英特爾，是他（指張忠謀）一個很重要的目標。」里昂證券半導體產業分析師侯明孝表示。

論市場，目前台積電在全球晶圓代工產業的市占率近六成，比第二名到第五名的總和都高，同時近兩年也擠下三星，拿下蘋果手機A10、A11處理器全數訂單。一位台積電重要客戶的高階主管表示，除了製程領先，台積電不發展自有產品與客戶競爭，更使其在商業層面具優勢，「一般我們都不會特別想放到三星做（指投產）。」

但，半導體產業資本密集、製程世代更迭快速等特性，讓產業一直處於高度動態競爭。例如三年前，台積電製程也曾慢了三星兩個季度，造成新製程市占率一度落後，如今卻能迎頭追回。高度競爭下，這場仗一刻也不能鬆懈。

要觀察「後張忠謀時代」，台積電能否基業長青，未來十年將有三個關鍵事件。

第一關：三奈米廠的水電需求

第一關，是二〇二〇年台積電三奈米建廠，龐大的水電需求如何滿足？

三奈米是台積電目前宣布最先進的一代製程，關乎台積電五年之後的競爭力。但建廠之前，最嚴峻的考驗卻不是技術突破，而是水與電的穩定供應。

半導體廠高度耗水、耗電，以台積電去年用電量八十八．五億度為例，僅略低於去年台電賣給新竹縣的總電量。到了三奈米製程量產該年，台積電用電量可能是現在兩倍。缺電、缺水，成了張忠謀先前猶豫是否該將三奈米廠留在台灣的最大變數。

對此，台灣自來水公司董事長郭俊銘表示，去年曾拜會張忠謀，承諾運用系統性調度方法，例如讓高雄的阿公店水庫供應南部民生和一般工業用水，其他水庫則調度給南科使用，他自信的表示：「從現有的供水量估計，即使南科再加兩、三個十二吋廠也沒問題。」

電力部分，雖然三奈米新廠及其使用的EUV（極紫外光微影）技術用電量大，但科技部部長陳良基則樂觀表示，綠電供應能逐步增加，他也認為，隨科技進展，未來有可能找到EUV以外的替代方案，降低用電量。

究竟政府開的支票能否兌現，就看兩位接班人未來三年能否與政府協調出最可行的做法，讓台積電的用水用電，與台灣環境和其他產業發展，達到雙贏局面。

第二關：中國廠的技術保密戰

第二關，是在二〇二二年後達到鼎盛的中國半導體市場，如何與狼共舞？

近三年，中國政府砸千億人民幣的「大基金」，積極發展半導體產業，去年中國IC設計業產值首度超過台灣，約合新台幣七千六百億元。

面對奮力崛起的中國，台積電於前年拍板至南京設十二吋廠，如今已近完工，將於明年量產。侯明孝表示，中國市場目前占台積電營收比率約八%，五年後此數字很可能翻倍至一六%，甚至上看兩成。除了既有的華為海思等客戶，中國目前在人工智慧與資料中心等領域相當積極，這些都是台積電的機會，「（中國）未來會是重要的成長引擎之一。」

為了參與中國商機，不僅台積電，包括其供應商如美商應用材料、艾司摩爾（ASML）以及科磊（KLA）都已在南京設立據點，就近服務台積電；半導體測試廠欣銓更直接將廠房蓋在台積電對面，預備接單。南京台商圈並傳出，有十多家台灣半導體廠商預計前往南京考察，「而且投資金額都會是幾億美元以上！」當地一位台商意見領袖表示。

但天下沒有不需付出代價的決策，台積電搶攻中國商機，首要擔憂仍是技術外流。

該名台積電重要客戶高階主管認為，以現今半導體製程的難度，如果只是自然的人才流動不須擔心，「現在的分工很細，沒有人能知道所有東西。」但最大的不確定性，是中國政商環境，「中國政府有很多方式啦，你不知道他們要偷走或買走，沒有人知道，他就是軟硬兼施，威脅利誘。」

其次，則是提高成本，包括溝通往返、人才培訓等等。侯明孝認為，南京現階段終究不比新竹、台中與台南，擁有產業群聚效應，而且，許多中國的半導體業者慣於以數倍高薪搶人，「台積電可能花了一、兩年把人訓練起來，但被挖走，等於付出的成本都白費。」

更甚者，有可能是中國與台灣半導體產業共同付出代價。

「（台積電南京設廠）意義很大，非常、非常大……，中芯這些廠商，以後都要沒（高階訂單）生意了。」一位從台灣赴中國半導體公司任職的高階主管認為，將來台積電很可能挾製程優勢，囊括中國大部分ＩＣ設計廠的高階訂單。

未來，若台灣周邊廠商也將更多資源配置到中國，在資源有限，此消彼長之下，對台灣也是警訊。台積電將來如何與中國政府溝通，在獲取商機與保全自身競爭力之間取得平衡，會是劉德音與魏哲家的一大課題。

第三關：二奈米將接近物理極限

最後，是二〇二四年，摩爾定律很可能將盡，半導體製程面臨典範轉移，台積電兩位領導人，能否如張忠謀給他們的刻字贈言——「拿出辦法來」？

依照摩爾定律推論，七年後，將是二奈米製程預計量產的時刻，但，二奈米製程已接近物理極限，就連張忠謀也坦言，目前能否成功還是未知。

當摩爾定律走到盡頭，很可能發生的，是材料或製程工藝上的革新，例如使用矽以外的材料突破原有極限，或靠更先進的封裝技術，彌補製程微縮科技的不足。

產業面臨典範轉移的時刻，往往考驗的不只技術，更是商業決斷能力，也就是張忠謀不斷要求兩位接班人應有的「器識」，身為企業家運籌帷幄的能力。

這次接棒，張忠謀採「雙首長制」，劉德音任董事長，負責與政府、社會溝通等對外事務，是公司決策最後把關者；魏哲家任總裁，負責營運，包括研發、業務與財務、法務等，向董事會報告。

魏哲家與劉德音，兩人一動一靜。個性幽默、直率的魏哲家，最喜歡金庸小說中的韋小寶，快人快語的聰穎性格也與韋小寶相似；沉穩、內斂的劉德音，則像睿智的貓頭鷹，法說會回答問題時總細心縝密，不疾不徐。

「Mark（劉德音）的溝通技巧好，英文能力好……C.C（魏哲家）比較有一點鄉土味道，感覺平易近人，容易相處。」和兩人都有過互動的台積電客戶主管觀察。

張忠謀也直言，兩位接班人有很強互補作用，「Mark會想一個問題想得很透澈，很周到，C.C嘛，很快做決策。也就是說，C.C做總裁，可以啪啪啪啪啪（做事節奏明快），Mark想得多，他是最後的把關者。」

未來雙首長制，在面臨可能的典範轉移時刻，究竟會一加一大於二？還是雙頭馬車？有待時間觀察，但張忠謀過去接受《商業周刊》訪問，便一直對雙首長制充滿信心，舉了甲骨文、高盛等企業案例佐證，相信台積電能在兩人領導下，「再創奇蹟」。

交棒記者會上，張忠謀認為，台積電的未來「絕對不是萬里無雲，而且挑戰來自四面八方。」三十歲的台積電，已經超過美國S&P五百企業的平均二十五歲壽命，未來能否再創下一個十年的奇蹟，持續成為全球半導體業的領導者，就看兩位接班人，能否一次一次的，協力跨越障礙。

（摘錄自《商業周刊》一五六〇期．20171005）

【附錄二】

台灣在，才有台積電！

——兩岸政治衝突下，台積電的選擇

二〇二二年八月二日，時任美國眾議院議長裴洛西（Nancy Pelosi）旋風式訪台，掀起了台灣海峽的滔天巨浪。年逾八十歲的裴洛西，不僅是美國史上首位、也是唯一的女性聯邦眾議院議長，更是美國半世紀以來，第一位二度出任的眾議院議長。根據美國總統繼任順序，眾議院議長僅次於副總統，在美國是「兩人之下、萬人之上」的重要政治人物。她的訪台，自然極具指標性且高度敏感。裴洛西離台後，中國隨即展開對台多項「報復」行動，包括禁多種食品、水果進口中國，更在台灣6個海域進行大規模軍事演習。而在這場會談中，「護國神山」台積電的參與其間，更是全球科技產業界高度關注的焦點。

裴洛西來台前，台積電董事長劉德音先前已接受美國媒體CNN的專訪，並且被安排在裴洛西抵台前夕播出，談話內容公開觸及國際政治和兩岸軍事等敏感議題。接著，台積電創辦人張忠謀和劉德音更受邀出席裴洛西午宴，又將台積電在地緣政治當中的敏感地位，升到最高點。

商周第一時間訪問台灣半導體相關供應鏈業者，半導體廠商面對這些威脅，卻沒有任何將重心移出台灣的準備。

「如果（中國）要取代我們，中國大陸早就取代了，它還沒有要斷掉台積電的地步。」一名晶圓代工大廠退休的前高階主管這麼認為。

觸及政治並不是台積電的一貫作風。風格「謹慎穩健」的劉德音，為何會願意受訪？半導體供應鏈業者多認為，劉德音希望傳達的最關鍵訊息是：「在戰爭當中沒有贏家，每個人都是輸家。」

劉德音：台灣遭軍事入侵　將摧毀世界秩序

雖然路透曾在同年八月六日直指，若中國與台灣之間的關係惡化，中國有一張「王牌」，那就是「威脅切斷台灣的出口」，這當中包括台積電替蘋果、高通等美國科技公司所製造的晶片，「這應該足以讓美國人感到緊張。」暗指，絕不能讓台積電成為中共的籌碼或者戰利品。

劉德音在專訪中也強調，半導體產業在台灣是一個關鍵、重要的產業，影響經濟甚鉅，但他說，「然而若台灣發生戰爭，半導體晶片供給或許不是最需擔心的事情。若戰爭真的發生，會摧毀根據既有規則運行的世界秩序，而地緣政治局勢也將出現劇烈變化。」

這番話，正呼應了二〇二二年四月，張忠謀接受美國智庫布魯金斯學會（Brookings）專訪所言：「如果有戰爭，那麼，我的天哪，我們有更多東西要擔心，而不僅僅是晶片！」因此台積電只能勸大家冷靜，甚至，劉德音還對外提出了戰爭可能造成的衝擊，希望大家「再三思考」。

然而，台積電卻沒有把重心移出台灣的打算。「假如任何人用武力強占台積電，台積電的工廠將無法正常營運，」劉德音說，「我們的營運中斷對任何一方而言都會造成巨大的經濟動盪；在中國方面，可能會導致其最先進的零組件供給中斷。」雖然，前述晶圓代工大廠退休高階主管指出：「（劉德音）他是非常非常害怕，一旦打起來對誰都沒有好處！至於可運作、不可運作真的不是（最）重要的。」

而劉德音的公開受訪也穩定了台灣半導體產業鏈，商周採訪台積電供應鏈業者，大家並沒有為了因應兩岸摩擦，就提出將重心移出台灣的計畫。「我們（人）都在台灣啊！」另一名市值新台幣數百億的台灣ＩＣ設計公司總經理說，若真的發生戰爭，「就算你的工廠在（台灣）外面，你那時候所有的營運可能也都不能動啊！」

中國若懲罰台積電　等同自廢武功

「（我們）根在台灣是不可能移動，很難的啦，你移到哪邊去，你最後是得不償失啦！」一位與台積電長期合作的供應商總經理說，即便台積電在日本、美國有布局，但量都非常小，台積電產能重心仍是台灣，「你想一想，台積電也不可能動，對不對？甚至很多國外的供應商，像英特格（Entegris）、像默克（Merck）都移到台灣來了，不是嗎？」

他說，假使戰爭演變到某一個程度，連經濟因素都不考慮時，「你移動到哪個地方，你也沒有什麼生意可以做了！」假如，中國真的連自己的經濟都不在乎，那麼，劉德音很可能是冒著可能受中國嚴懲的風險，出席裴洛西的午宴。

台積電雖然只有約一〇%的直接營收來自中國，但對占台積電營收六成多的美國客戶來說，中國仍是主要市場。此外，台積電在中國南京和上海松江共有兩座廠，不能排除有被中國施壓的可能。雖然，前述晶圓廠的前高階主管說，中國還需要台積電的晶片，懲罰台積電，就等同斷了中國自己的供貨來源。

我們唯一能知道的是，面臨種種壓力，台積電始終如一，並沒有因此宣布要將重心移出台灣。

台積電總裁魏哲家先前曾經在法說會上強調，無論有怎樣的地緣政治緊張局勢，「台積電會繼續專注在台灣，這裡是我們的研發中心，我們也會把絕大多數的產能繼續放在台灣。」

台灣半導體、科技業已經給出了答案：台灣在，才有台積電。

（摘錄自《商業周刊》一八一三期．20220811）

【附錄二】

蔣尚義向張忠謀學到的四件事

——半導體老將在台積電的那十八年……

台積電前共同營運長蔣尚義是怎麼看台積電創辦人張忠謀的？

蔣尚義自台積電退休後，便前往中國發展，然而，二〇二一年底，他又辭去上任不到一年的中芯國際副董事長一職，時值美中敏感摩擦之際，再度引發熱議。

一九九七年，蔣尚義受台積電延攬，接下台積電研發副總經理一職。當時五十一歲的他，經過美國德州儀器、惠普（HP）的鍛鍊，在半導體產業身經百戰。

在他任內，他帶領台積電研發團隊開發最先進製程技術，拉開與聯電的技術差距，他更帶領台積電跨入「先進封裝」領域，這成為往後台積電取代三星、自二〇一五年至今獨家拿下蘋果大訂單的關鍵決勝點。

商周專訪蔣尚義，並整理他接受美國電腦歷史博物館（Computer History Museum）的訪談內容，記錄他與張忠謀共事十八年裡，張忠謀教他最重要的事。

一、拿出志氣，別只想當老二

器大、識深，才能開創新局。蔣尚義向張忠謀學到的第一課，就是放大眼界和格局。

蔣尚義：我剛剛去報到的時候，第一次見到他（張忠謀）就是一九九七年，他說：「我們的目標是要當業界的領導者。」那時候我們（台積電）的研發就一百二十個人，比人家少很多，所以我很單純想，要當領導者是非常遙遠的事情。

我跟他說：「你要當Leader（領導者）的話，你的研發經費大概是當老二的三倍。」意思就是，我們就當老二好了，但是研發經費就可以少很多。而且那個時候，我們的技術比人家落後兩代到三代，差距這麼大。

後來他跟我講，意思就是，我太沒有出息了，眼光不夠！這是我跟他的第一次（見面）經驗。所以他第一次對我印象不太好，才剛剛來報到就告訴他只要當老二就好。他當時的意思也不是馬上就要當領導者，你總要有志氣、要有這個心態。之後我們研發越來越大，我加入的時候，我們研發一百二十個人，我離開的時候有七千多人，也是我沒有想到的事情。

二、眼光放遠，學會深思考

人要先有志氣，但想成大事，就得深思考。在蔣尚義眼裡，張忠謀是個做事十分仔細的人。這讓台積電在幾次關鍵決策上，都沒有匆促下決定。

蔣尚義：（二〇一三年，台積電正決定是否往最新的十八吋晶圓技術邁進），他（張忠謀）在公司開了至少十次會討論，試著從各方面來檢視，最後，決定我們不應該支持做這個。

他說，台積電的首要任務是先進製程技術的發展，不是十八吋晶圓（編按：

當時資源有限，台積電放棄的原因，是為了將資源更有效集中做最先進製程的研發，後來英特爾和三星也選擇放棄）。

他想的比我們長遠得多，最近（地緣政治討論）鬧得這麼紅紅火火的台積電、半導體，我們變成護國神山或者是矽盾等，我十幾年前就已經聽他說過了。他的意思就是，你們看著，有一天，台積電因為掌握半導體，變成一個非常重要、兵家必爭之地。

三、深思熟慮後，果斷做決策！

把事想透了，才能有鐵血的執行力。蔣尚義回憶，一九九九年，台積電第一座美國廠的表現非常差，因此公司決定派二十個人到美國兩年，去解決該廠問題。

蔣尚義：那時候在管營運的副總經理是左大川，（說要）派二十人，三個禮拜以後，就二十個人同一班飛機飛過去。我看傻了，在美國沒有這樣的事情，開玩笑！在其他任何地方看不到這樣的事，公司今天叫我到美國去，（有些同事）

房子也不要了，那時候九二一大地震，（就）把房子賣掉救災去了。（問同事說）那以後回來怎麼辦？回來以後再另外想辦法。公司叫我去，我自己的事情以後再說，這種精神沒有任何人打得敗的！

又比如，二〇〇九年，蔣尚義在第一次退休後，受張忠謀之邀再次回到台積電任職，當時他向張忠謀提議，認為台積電應該要開始做「先進封裝」，因為封裝已開始成為技術前進的瓶頸。

蔣尚義：他的決定這麼明快，我一開口跟他要加四百個研發工程師、一億美金的經費，他只花了一個小時就點頭。如果在其他的公司，這樣一個事情，你要經過多少的討論。他想得很深入、就敢做這個決定，而且他做這個決定往往就是不會錯。現在你再回去看這個決定是對的，今天（台積電）把蘋果套牢就是靠這個。

蔣尚義回憶第一次退休時，張忠謀特別安排他擔任子公司董事長，「他幫我想得那麼周到，我就覺得很溫暖。」

四、慎思，更別忘慎言

張忠謀慎思、慎言的風格，直至蔣尚義退休後，仍影響他。二〇〇六年，蔣尚義自台積電第一次退休，張忠謀安排他轉往台積電子公司采鈺、精材擔任董事長，讓他的退休生活能有調適過渡期。卻沒想到，第一次擔任董事長，就發生了個小插曲。

蔣尚義：我們那年代，一講到總統一定是蔣總統，沒有第二個姓當總統。那台積電也是，董事長一定是張（忠謀）董事長。好啦，我去當（采鈺、精材）這兩個董事長，大家會叫我「蔣董」，那個口氣就完全就在取笑你的樣子。有一次（面對）記者，我突然衝出一句話，我說：「我只是當一個人頭董事長。」結果就上報了。

我見到他（張忠謀），就準備挨罵，但我也告訴他：「我也很哀怨，人家叫我『蔣董』都是一副取笑的樣子，我就衝出這樣一句話來。」他說：「尚義，你這樣講不太恰當的，你如果心裡也這樣想，就更不應該了。」

他這樣講，比被他訓一頓影響還要深刻，我講話很不小心，那你看（張）董事長他講話，非常小心，他講的每一句話，他都很深思熟慮過的。

（摘錄自《商業周刊》一八一八期．20220915）

【附錄三】

台積電「以客戶為中心」的深思考

——研發主管要學櫃姐做服務！

蔣尚義在專訪中一直提到，他看到張忠謀遇事會深思考的特質。這如何反映在台積電的表現上呢？如果翻開二十多年前台積電的內部文件就可見一二。

一九九八年，台積電就清楚定義台積電是半導體製造服務業，而不是製造業，「以客戶為中心」的概念成為重中之重。

台積電自我評估的六大指標

因此，台積電內部評估自己是否成功的指標，包括下列幾點：

①經常性由獨立第三方機構執行的客戶意見調查
②直接回饋和處理客戶問題，直到讓客戶滿意
③財務表現，特別是營收成長與股東權益報酬率（ROE）
④股價
⑤市占率
⑥財務報告和媒體報導

大家看出來了嗎？關鍵不是良率或產能，而是「客戶滿意度」。

過去，我們常說要努力，但多數人都敗在錯的賽道努力，但一開始，台積電員工選擇的工作重點就與他人不同。

幫助客戶成功，自己就能成功，這論述雖然聽來有點老套，然而，在半導體產業，是會出現客戶先喊出產能需求後，最後無法如期下單的狀況。供需預測如果不準，就會產生庫存，影響獲利與報價。所以，深刻的掌握客戶與市場資訊，不僅讓台積電更能黏著客戶，甚至還能讓台積電押對下一個好客戶，透過報價與扶植，讓自己掌握一個接著一個正崛起的客人，還能報出客戶會接受的好價錢！

滿足客戶需求的十一個策略

台積電一名前研發主管回憶，台積電研發部門裡，曾又設了客戶服務部門，研發主管甚至特別跑到百貨公司看櫃檯小姐如何做服務，這讓他們總能在早期掌握住正崛起的明星客戶如輝達（nVidia）、博通（Broadcom）等。

台積電的策略首要在滿足客戶需求，並在以下（第三項除外的）各項優於競爭對手，以獲得溢價：

①能讓客戶超越對手或至少與對手匹敵的技術
②在能力範圍內，彈性支援客戶需求
③低價
④產出晶圓的時間較短
⑤品質及可靠度
⑥能幫客戶超越對手或至少和對手匹敵的設計服務
⑦跟客戶無縫完美的溝通

⑧一站式服務
⑨保護客戶機密
⑩對於可能發生的問題即時協助和解決方案
⑪台積電對客戶的夥伴態度與行為

每位員工都是業務員的組織文化，會讓大家努力到對的方向，不會只把眼光放在技術上，生產出客戶不要的產品。

市場行銷部門的八大職責

跑對賽道，布局也會不同，在台積電內，被列為非常重要的部門竟然是市場行銷部門。這部門的責任有哪些呢？

①與研發部門合作決定技術藍圖
②提出新的服務或技術建議
③和業務一起尋找新的客戶

④針對不同應用、領域、地域性的客戶有不同市場行銷策略

⑤掌握市場競爭資訊

⑥策略性的定價

⑦提升台積電品牌辨識度

⑧成為銷售與市場行銷高階主管的幕僚長角色

簡單的說，他們就是發揮「幕僚長」的功能。從本文可以看出台積電以客戶服務為出發點的經營策略，或許你就能想清楚，選對方向努力這件事，為何這麼重要，這道理，放在人生與職場亦然。

（整理自二〇二一年十月二十六日「張忠謀經營人的學習與成長」演講揭露的一九九八年九月七日手稿；
摘錄自《商業周刊》一八一八期．20220915）

國家圖書館出版品預行編目 (CIP) 資料

器識：張忠謀打造「護國神山」台積電的經營之道／商業周刊著 . -- 二版 . -- 臺北市：城邦文化事業股份有限公司商業周刊，2023.05
面； 公分
ISBN 978-626-7252-46-8（平裝）

1.CST：張忠謀 2.CST：學術思想 3.CST：企業經營

494 112003938

器識
【增訂版】

作者	商業周刊
商周集團執行長	郭奕伶
商業周刊出版部	
責任編輯	方沛晶／羅惠萍（初版）、羅惠萍／林雲（二版）
封面設計	黃聖文
內頁排版	中原造像
出版發行	城邦文化事業股份有限公司 - 商業周刊
地址	115020 台北市南港區昆陽街 16 號 6 樓 電話：（02）2505-6789　傳真：（02）2503-6399
讀者服務專線	（02）2510-8888
商周集團網站服務信箱	mailbox@bwnet.com.tw
劃撥帳號	50003033
戶名	英屬蓋曼群島商家庭傳媒股份有限公司城邦分公司
網站	www.businessweekly.com.tw
香港發行所	城邦（香港）出版集團有限公司 香港灣仔駱克道 193 號東超商業中心 1 樓 電話：（852）2508-6231　傳真：（852）2578-9337 E-mail：hkcite@biznetvigator.com
製版印刷	中原造像股份有限公司
總經銷	聯合發行股份有限公司　電話：（02）2917-8022
初版 1 刷	2018 年 5 月
二版 1 刷	2023 年 5 月
二版 7 刷	2024 年 7 月
定價	420 元
ISBN	978-626-7252-46-8（平裝）
EISBN	9786267252475（PDF）9786267252482（EPUB）

紅沙龍

Try not to become a man of success but rather to become a man of value.
～Albert Einstein (1879 - 1955)

毋須做成功之士，寧做有價值的人。—— 科學家　亞伯・愛因斯坦